新知
文库

134

XINZHI

Die neuen Weltwunder:
In 20 Bauten durch die
Weltgeschichte

Die neuen Weltwunder: In 20 Bauten durch die Weltgeschichte
by Bernd Ingmar Gutberlet
2011 © Bastei Luebbe GmbH & Co. KG

世界新奇迹

在20座建筑中穿越历史

［德］贝恩德·英玛尔·古特贝勒特 著
孟薇 张芸 译

生活·讀書·新知 三联书店

Simplified Chinese Copyright © 2020 by SDX Joint Publishing Company.
All Rights Reserved.
本作品简体中文版权由生活・读书・新知三联书店所有。
未经许可，不得翻印。

图书在版编目（CIP）数据

世界新奇迹：在20座建筑中穿越历史／（德）贝恩德・英玛尔・古特贝勒特著；孟薇，张芸译．—北京：生活・读书・新知三联书店，2020.9（2022.3 重印）
（新知文库）
ISBN 978 – 7 – 108 – 06980 – 1

Ⅰ.①世… Ⅱ.①贝… ②孟… ③张… Ⅲ.①建筑艺术 – 介绍 – 世界 Ⅳ.① TU-861

中国版本图书馆 CIP 数据核字（2020）第 202114 号

特邀编辑	王爱玲　张艳华	
责任编辑	徐国强	
装帧设计	陆智昌　康　健	
责任校对	常高峰	
责任印制	卢　岳	
出版发行	生活・讀書・新知 三联书店	
	（北京市东城区美术馆东街22号 100010）	
网　　址	www.sdxjpc.com	
图　　字	01-2018-7525	
经　　销	新华书店	
印　　刷	北京隆昌伟业印刷有限公司	
版　　次	2020 年 9 月北京第 1 版	
	2022 年 3 月北京第 2 次印刷	
开　　本	635 毫米 × 965 毫米　1/16　印张 16.5	
字　　数	196 千字　图 20 幅	
印　　数	6,001 – 8,000 册	
定　　价	49.00 元	

（印装查询：01064002715；邮购查询：01084010542）

新知文库

出版说明

在今天三联书店的前身——生活书店、读书出版社和新知书店的出版史上，介绍新知识和新观念的图书曾占有很大比重。熟悉三联的读者也都会记得，20世纪80年代后期，我们曾以"新知文库"的名义，出版过一批译介西方现代人文社会科学知识的图书。今年是生活·读书·新知三联书店恢复独立建制20周年，我们再次推出"新知文库"，正是为了接续这一传统。

近半个世纪以来，无论在自然科学方面，还是在人文社会科学方面，知识都在以前所未有的速度更新。涉及自然环境、社会文化等领域的新发现、新探索和新成果层出不穷，并以同样前所未有的深度和广度影响人类的社会和生活。了解这种知识成果的内容，思考其与我们生活的关系，固然是明了社会变迁趋势的必需，但更为重要的，乃是通过知识演进的背景和过程，领悟和体会隐藏其中的理性精神和科学规律。

"新知文库"拟选编一些介绍人文社会科学和自然科学新知识及其如何被发现和传播的图书，陆续出版。希望读者能在愉悦的阅读中获取新知，开阔视野，启迪思维，激发好奇心和想象力。

生活·讀書·新知三联书店
2006年3月

目　录

前　言　　　　　　　　　　　　　　　　　　　　　　1

一　巨石阵（英国）　　　　　　　　　　　　　　　　1
二　雅典卫城（希腊）　　　　　　　　　　　　　　　17
三　佩特拉（约旦）　　　　　　　　　　　　　　　　34
四　斗兽场（意大利）　　　　　　　　　　　　　　　47
五　圣索菲亚大教堂（土耳其）　　　　　　　　　　　60
六　奇琴伊察（墨西哥）　　　　　　　　　　　　　　71
七　吴哥窟（柬埔寨）　　　　　　　　　　　　　　　83
八　阿尔罕布拉宫（西班牙）　　　　　　　　　　　　93
九　廷巴克图（马里）　　　　　　　　　　　　　　　104
十　复活节岛（智利）　　　　　　　　　　　　　　　115
十一　马丘比丘（秘鲁）　　　　　　　　　　　　　　126
十二　克里姆林宫（俄罗斯）　　　　　　　　　　　　137
十三　长城（中国）　　　　　　　　　　　　　　　　150
十四　泰姬陵（印度）　　　　　　　　　　　　　　　160

十五	清水寺（日本）	172
十六	新天鹅堡（德国）	181
十七	自由女神像（美国）	193
十八	埃菲尔铁塔（法国）	204
十九	救世基督像（巴西）	215
二十	悉尼歌剧院（澳大利亚）	223

后　记　　　　　　　　　　　　　　234
附：世界奇迹和世界奇迹候选者名单　237
参考文献　　　　　　　　　　　　　242

前　言

　　排行榜和排名并不是我们这个时代凭空的发明。作为旅行者，那些古代的热门地点是断然不能错过的，相关的最早名单出现于公元前 2 世纪，以最古老的形式保存了下来。几百年前，在某个木乃伊棺椁的盖板上发现了一段古希腊文字，里面述及各种各样的这类排行榜，但只有一部分存留了下来。除却最美丽的湖泊、岛屿和山岳，最重要的雕塑家和建筑师，还罗列有当时最重要的建筑物：最早的有确切文字记载的古代世界奇迹名录。尽管世界奇迹一词使用得比较晚——但其本身在古代社会显然已经颇受欢迎。

　　面对这些古代的世界奇迹，有些孩童在历史课上可能会感到茫然费解，是因为它们存在一个非常大的不足：除了吉萨金字塔群，其他的现在都不复存在了。据说曾经令那位古代文化旅人不吝辛劳，亲至参观的地方——实际也如此——在现代旅游业的时代，吸引力已经没有那么大了。第二个不足是关注点都集中到了欧洲古希腊罗马时期的文化上，这对于当今情况来说，完全没有顺应时代的要求。任何一个轻松无虞环游世界的人，都会认为世界奇迹是全球性的，要符合世界各地文化的多样性。

就这点而言，在21世纪初我们所制定的一个新的世纪奇迹排行榜，将世界各国的宏大建筑收录其中，是值得努力去做的事情。只将现存的建筑列入表单，同样也是合理的。尽管如此，这一倡议还是引起了很多责难，招致各种批评。更多内容会在后记中加以介绍。

《世界新奇迹》讲述了人类历史上20座现存建筑物的故事，这次世界范围的评选活动在最后一轮从它们当中推选出了"世界新七大奇迹"。最初的名单包括了大约200个候选者，然后减少到77个。这里介绍的20座伟大建筑可以引领大家跨越各种文化，穿越不同时代，了解人类的历史，宛如进行了一次愉快且全面的旅游。最后脱颖而出的七大奇迹用星号做了标记。

一
巨石阵（英国）

21世纪初，谁若要走访英格兰南部，无论是某个维多利亚时期的海滨度假胜地，还是热闹的伦敦大都会，最好顺便绕道去一趟英格兰西南部的威尔特郡。因为在距离英国首都只有130公里的这个地方，坐落着令人惊叹的巨石阵——人类史前时代或许最著名的建筑。它——某种程度上有些突兀地夹在两条主干道之间，但也因此容易抵达——位于艾姆斯伯里镇东部，巍然屹立在索尔兹伯里平原中部丘陵起伏的白垩高地上。如果用形容词来描绘修建于几千年前的这座建筑，雄伟和神秘可以说是恰如其分了。然而公路交通和大众旅游，妨碍了人们更好地感受这片壮观的建筑群昔日那令人着迷的魅力。

从现存形态上看，巨石阵的外围是很难再识别出的环形土沟和土围，其直径总计大约115米，中间是由巨石排列而成的同心圆——科学家们称之为"Megalithen"（希腊语中mega意思是大的，lithos意思是石头）。这四个石圈中外部石圈的景观最为著名，因为曾经完整地搭建在30个石柱上方的巨石横梁仍有部分保留了下来。由此可以想象，建筑群完好无损时，给人留下的印象会多么

深刻：高度的艺术性，绝非常人之力所能为，散发着神奇的魅力。可是，这些巨大的石头在四千多年前就已经竖立在那里了，从那时起，时间之齿就未曾停歇地啃噬着巨石阵——要么饱受着恶劣气候的侵蚀，要么被挪作他用，成为修筑私房的采石场。谁若是先通过图片了解巨石阵，然后再前往实地参观，一睹为快，最初无不感到惊讶，甚至失望不已，因为这些石圈要比图片上或者影像中呈显的小很多。

外部石圈的直径将近30米，由打凿成长方形的岩石组成——每块石头大都4米高，2米宽，1米厚。竖立的支撑石柱均相隔1米而立，每两块支撑石的上方都横卧着一块顶石，如今保留在原来位置的顶石尚存6块，支撑石则有15块。在时间长河中，其他巨石不是倾倒在地或者断裂，就是彻底渺无踪迹了。这些青灰色的石头被称作撒森石①，这种类型的岩石产自周边地区。巨石被精心加

---

① 撒森石（Sarsen），一种硅化的砂岩巨石，产于英格兰南部的白垩高地。这些石头被用来建造巨石阵和其他史前遗迹。——译者注

工过：顶部略微变细，这使它们显得更加巍峨。长方形的顶石则内侧稍有弯曲，形成一定的弧度，此外它们并非简单地横架在支撑石上，而是利用榫卯结构连接固定。

在第一个石圈，也就是外部石圈内的第二个石圈要小很多，排列也没那么仔细，而且从未完工。现存的六块略带蓝色的石头竖立在原地，只有大约 2 米高；这样的石头最初可能有 60 块，如今还有一些横七竖八地位于石阵中。这一圈的石头没有顶石。这些所谓的蓝石实际上并不产自巨石阵所在的地区。最后，就像俄罗斯套娃一样，在第二个石圈内还有一组石头，它们被摆放成略圆一些的马蹄形。这个石圈由所谓的撒森巨石牌坊[1]组成，也就是在成对的立石上方分别横置一块顶石。这种巨石牌坊高 6—7 米，曾经总共五座，如今只剩三座还保存完整，余下的石头散落在地上，部分已经断裂了。最沉的石头重达 45 吨。属于这组石头的还有所谓的祭坛石，它以前是块顶石，后来坠落到整个建筑群的中心，之所以得名祭坛石，并非源于它的功能，而要归因于它如此巧合地掉在了这个醒目的位置。这种类型的砂岩是蓝灰色的，最内部马蹄形石圈的石头同样也是蓝灰色，它们最高将近 2.5 米。

土围内部，在上文描述的石圈以外，还有其他引人注目的巨石：其中一块是位于建筑群东北入口处的牺牲石（Slaughter Stone），上面的凹坑会让人把它的用途跟祭祀石[2]联系在一起。但是，在此期间已经确认，它是另一块倾覆下来的撒森石，因此也就

---

[1] 巨石牌坊（Trilith），考古学上指在两块直立巨石上方搭一块巨石的三巨石结构，又译作三石塔。——译者注
[2] 所谓的祭祀石（Opferstein），特别是成型或加工过的石头，往往被与日耳曼人的血腥祭祀联系在一起，尤其是在 19 世纪和 20 世纪早期，但是并没有相关证据。——译者注

不可能有原先假定的功能。不过，它得以保留下了这个形象的名字。除此以外，土围内侧还有两块所谓的压阵石（Station Stone）；另有两块，至少可以证明它们曾经所在的位置。最后，在环形土围的外部，有一条大道通往东北入口，其边界同样由土围构成，著名的脚跟石（Heel Stone）就位于这条大道上。这块巨石高5米多，未经打凿。它被立在距离整座建筑群中轴线不远的地方——也可能开始修建巨石阵的时候，它就已经在那儿了。

除了石头，巨石阵的考古学家还要深入研究以前的或者现在仍存在的圆形坑，特别是三个同心的地坑圈，其中的圆形坑分别被命

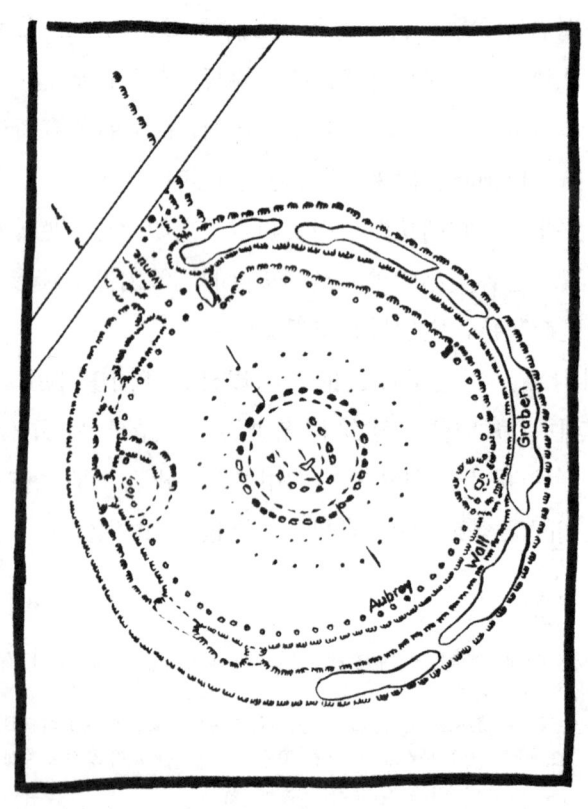

名为奥布里坑（外侧），Y 坑以及 Z 坑（内侧）。当然也有其他考古发现，例如遗骸碎片、动物骨骼或者工具，由此可以进一步推断出巨石阵的历史——或者更难以进行判断。

那么巨石阵究竟是什么？一座精心布置的豪华墓葬场？一个远古时期举行宗教祭礼的集会点？或者是用于观测天体的石结构建筑，从而制定历法，甚至进行天文或占星预测？又或者这些神秘的石圈以前可能另有其他功能——远古的智者也许曾在那里研究世界的秘密？不过它最初的意义何在——一定曾经有过一个强大的动力，在几乎不具备技术条件的情况下，以叹为观止的准确性、令人钦佩的耐心和努力，历经几代人建起了这座丰碑式的建筑。它是被我们视作原始洞穴生物的人，彼此用生硬的动物般的声音进行有限沟通的人的造物。

现在，巨石阵这个名字已经是一个比较新的名称了，尽管它大概源自遥远的中世纪，这本身已有将近一千年的历史了。然而，在那时，这座建筑物就已存在，其产生要再往前追溯两千五百年。在那时，巨石阵就已属于英格兰南部这一地区自古以来的风景线之一。在那时，这座建筑物已然是一个难解之谜，因为它的用途在某种书写文化①能够将其记录下来以前，就已经被遗忘了。巨石阵在其新石器时代的建造者和使用者那里肯定另有其他名字，可是这个名字永远不为人知了。

总而言之，在12世纪初期——诺曼人征服英格兰四分之三个世纪以后——林肯的新主教布卢瓦的亚历山大（Alexander von Blois）委托他的总执事亨廷登的亨利（Henry von Huntingdon）编撰一部英格兰史的时候，人们对巨石阵还一无所知。编年史的作者

---

① 书写文化（Schriftkultur），指对文化见证、规范、价值和成果的流传和传播。书写文化的存在被看作高度文明的标志。——译者注

在书中提到,"Stanenges"是该国四大景观之一,巨大的石头被竖立在那里,犹如宏伟的大门,然而没有人能够说出,这是如何造出的。"Stanenges"一词在古英语中的意思是"悬石"——指的是某种程度上可谓"悬"在支撑石上的顶石——或者石头架。

所以,至少从12世纪开始,人们便一直困惑于巨石阵究竟是怎么来的。几乎在同一时间,另一位英国作家——蒙茅斯的杰弗里(Geoffrey von Monmouth)提供了一个解释,他撰写的历史书极大地影响了中世纪时对英格兰及其过去的看法。他讲述说,在公元485年,也就是盎格鲁-撒克逊人征服英格兰的时候(诺曼人入侵前一千多年),传说中的魔法师梅林为了纪念一场战役,从爱尔兰弄来了这座石头建筑,并且将它重建于威尔特郡,这让在场的凡人无比惊讶。然而,由于其他历史上的错误,同时代的人已经对杰弗里编年史的真实性产生怀疑了。但是,他的书还是大获成功,梅林和巨石阵的故事受到了热切的传扬,并且被进一步添枝加叶。16世纪上半叶,长期居住在英格兰的意大利学者和人文主义者波利多尔·维吉尔(Polydore Vergil)还将传说中的亚瑟王最著名的魔法师和老师梅林称为巨石阵的建造者。

随着时间的推移,这些古老的石圈得到了其他的解释:罗马人的神庙,丹麦国王君临英格兰的加冕地(1016—1042年间),腓尼基人的建筑,或者不可缺少的凯尔特人的遗留之物——这一说法是17世纪末学者约翰·奥布里(John Aubrey)首次提出的,其中一个同心圈的圆形坑就是以他的名字命名的。奥布里认为,这座建筑是凯尔特人著名的祭司阶层德鲁伊特[①]的神庙,有关这一祭司阶

---

① 德鲁伊特(Druide),古代凯尔特人中最有学识的阶层,精神文化知识的掌管者,既是宗教祭司,又是学者、教师、法官、先知、医者等,集多重角色于一身。——译者注

层，可以确定无疑的信息，远少于从古至今他们的名声让人做出的推测。此外，时至今日，巨石阵还为魔幻文学那些或多或少有些荒谬的故事提供了震撼人心的背景或灵感。

为了在巨石阵这个问题上有新的发现，需要专门的科学研究，公元18世纪，主要是19世纪，人们才在考古学领域建立了这一学科。如果某一文化没有留下任何文字证据，那么考古发现就会起到某种特殊的关键作用：古代学者的研究成果是论证远古时代某一文化的必要基础。出土的工具和石头上的痕迹表明，撒森石是新石器时代晚期竖立起来的，该时代之后是青铜时代。

然而，事实表明，相比于对石头上微观痕迹做出的单调乏味的研究或者考古学家之间无休止的解释之争——外行即便对此感兴趣，也无法衡量其重要性——远远更受欢迎的是，有关巨石阵天文特征的揣测：基于从古希腊和古埃及神庙获得的认识，20世纪初有观点称，该建筑群用于天文定位，并就此引发讨论。真正引起轰动的是在特别容易接受该观点的60年代出版的一本书，该书把巨石阵描绘为一种用于计算月食和类似的星座位置的史前计算机。究其原因，除却大众对轰动事件的喜闻乐见，还在于人类自身的一种不足，即便是历史学家、古代文化研究者和考古学家，也并非人人都能规避：追溯久远的时代，往往受个人的经验视野和文化归属的影响，这就是为什么有时候会将完全错误的特性和动机归因于其他时代的人。毕竟，史前时代的人为什么要进行如此耗资巨大的天文学研究？即使这本书已揭露出许多问题，如数学上的不准确，考古学方面的不干净——感兴趣的公众还是兴奋地接受了这样的设想：可怜的现代人已经疏离了自然和世界之谜，而他们长眠于地下的智慧的祖先在完全没有现代成就的条件下，在这些神秘的石圈之中，通过精准的数学计算，仰望天空，已然洞察，将世界凝聚在一起的核心所在。现代科学获得的认识越多,这个世界就越发让人们觉得没有吸引力和不适意,他们就越容易接受具有神秘主义色彩的观点。巨石阵作为人们怀揣对古老祭礼的恐惧敬畏和全面了解远古的渴望而臆断的史前天文历法,是非常合适的对象。

但是,如果抛开各种各样令人兴奋且有趣的推测,仅仅基于考古学方面的认识对巨石阵进行严肃可信的解读:无数曾经致力于这座雄伟建筑研究的考古学家又会作何说法呢?

我们早就习惯于从现代考古学及其辅助科学中获取惊人的认识:通过残余的一小堆白骨,可以确定,这个人是什么时候埋葬的,来自于哪里,因何而亡。对土壤进行孢粉分析,可以重建某一地区几千年的农耕历史。借助于史前时期的垃圾坑,可以确切地了解,石器时代居民点的餐桌上会有什么。最后——就巨石阵而言,有着特殊的用途——研发出了放射性碳定年法,利用碳的放射性同位素碳14的衰变过程可以非常准确地测定出残余的有机物属于哪个年代。

考古学家们对成千上万的出土文物不厌其烦地进行了细致而琐碎的工作,偶尔也会借助于意外事件,最终重现了巨石阵的建造史,虽然绝非详尽,但是已经相当全面了。尤为重要的是,人们认识到,这座建筑被使用过很长一段时间,也有过改建,但其间即便没有被废弃,也曾暂时被全然忽视。在许多细节上,专家们都有着强烈的分歧——这对于新一代研究人员来说,不仅仅是持久的动力,而且也是不可避免的:在某种程度上,考古学认识与其他历史方面的认识一样,都是阐释之事,如果要对发现结果进行解释,专家的意见很快就会出现分歧。此外巨石阵还有一个问题,那就是对于考古学家而言,它绝非一个理想地点,在所谓的理想地点,地层可以从时间上进行清楚的区分,需要明确归类的出土文物井然有序地静候在那里，等待着它们的发现者。这个最著名的史前遗址给我们带来了极大的困难，因为不同时代的地层难以进行区分，而且这个地区非常广阔，考古地层相对较薄。

早在巨石阵修建之很久以前，在建筑群西北四分之一公里处就竖起了三根木桩——公元前8000—前7000年间，当时尚处于中石器时代，这个地区有一小群靠狩猎和采集为生的人。这些木桩是用作确定方向的辅助手段，还是用于宗教目的，目前尚不清楚。第一期巨石阵真正的修建工作开始于公元前3000年左右，也就是距今大约八千年前。这一时期堆起了外部的土围，即便现在几乎什么都辨别不出来了，但当时肯定有将近2米高。为了画出规则的圆弧，大概使用了最简单的方法：先把一根桩子砸入地里，将绳子固定在上面，绳长大约55米，然后用它标画出一个圆。再沿着圆弧挖一条土沟，用挖出来的土筑起了土围——土围闪烁着明晃晃的白色，远远便可以看到，那是因为草根下面就是白垩土层。这时的建筑群至少有两个入口：一个在东北部，一个在南部。

功能至今仍然令人费解的56个排列成圆形的奥布里坑，也可以追溯到这个最早的修筑阶段，在那个时期，新石器时代已经开始从事农耕的人们越来越多地开垦出这片土地，巨石阵地区早已在祭礼方面具有了重要性，邻近的墓地就表明了这一点。后来，在修筑的第二个时期，直至公元前三千纪①中期，那里埋葬着逝者的骸骨，也就是在外部土沟的附近，不过这些圆形坑最初有可能是用作圆形排列的小木桩的地基。这种由小木桩围成的圈在同一时期，在英国的其他地方也全然不陌生，但是由于建筑材料朽坏，只能通过平面

---

① 千纪，表示一千年的时间跨度，相当于10个世纪，公元前三千纪指公元前3000—前2001年这一时间段。——译者注

形态识别出来。此外,通往东北入口的道路至少有一部分是为了修筑第二期巨石阵而建的。

公元前2500年前后,随着最引人瞩目的第三个修筑时期的开始,建筑师们将巨石阵的建筑材料从此前的木头改为石头,这座建筑也因此有了今天的名字。第二个重要的举措是,将建筑群的中心轴调整为朝着东北方向,也就是在夏至时对准日出方向——或者说在相反的方向上,根据一年中最短的一天的开始,即冬至到来确定方向。

首先,从250公里以外的地方——威尔士西部的普雷塞利山不辞艰辛地弄来了大约85块蓝石,每一块都重达4吨左右。这些巨大的岩石是如何运到威尔特郡的,在很长时间里都是不解之谜。这也是为什么中世纪时魔法师梅林被搬上了这一舞台,因为人们无条件地相信,他能够搞定运输工作——普通人是断然不可能具备这等专业技能的。根据某一理论,因为冰川运动,这些石块在很早以前就出现于英格兰南部了,但大多数专家都反对这一观点。这些石头有可能是普雷塞利山的人被迫或自愿馈赠的,也可能确实是新石器时代的人自己运来的——要么通过船运,先沿英格兰西海岸和南海岸,再向北经由埃文河,它几乎与巨石阵擦肩而过。要么其中一部分路程依靠陆运——类似于修建埃及金字塔时运送巨大的方石,使用滑橇运输,并且下方垫有木桩作为辊轴。

利用这些蓝石,人们围着巨石阵的中心,建起了一个双环圈,它本该由82块石头组成,但从未完工。这一时期,通往东北入口的道路延伸到了埃文河畔。

公元前2400年左右,当这些石头中大约一半安放到位时,第三期巨石阵的施工计划发生了改变,此时施工已进入到第二个阶段。出于一些只能推测的原因(例如不同地区之间的关系可能起到了一定作用，而现在所使用的撒森石可能是一种礼物），我们通过无数图片而熟知的石圈建成了，竣工后的石圈由30个柱石和同样多的（更小的）顶石组成。对于新石器时代建筑石阵的专家来说，这种结构设计也具有独特性，因为这个以石头覆顶的巨石圈并没有采用惯常的方式，将土木结构的建造方式应用到石头这一原料上，巨石阵也因而独特不凡。此外，内部还有排列成马蹄形的五组撒森巨石牌坊。这些撒森石来自于威尔特郡北部，距离巨石阵大约40公里。顶石的搭建尤其困难——据推测，先在顶石下方搭建一个木头支架，然后不断地增加其高度，直至将石头运到柱石的顶部边缘。另一种可能性是在顶石下方堆筑土围。

最后，在公元前2000年前后的几个世纪里，也就是巨石阵第三期工程接下来的几个建造阶段中，威尔士的蓝石被重新摆放成两组（圆形和马蹄形），与新的石圈形成一致。公元前1700年左右，又增加了由Z坑以及Y坑组成的另外两个环形，但在那个时期，与巨石阵的修建和使用相关的出土物也渐渐没有了。

即使存在不同的研究意见，这样的修建史还是被认为具有比较大的可信度。专家们发现，难度更大的是进一步确定这座建筑的作用是什么，以及为什么要赋予它这一任务，因为必须在没有明确证据的情况下做出推测，这种推测尤其违背了考古学家的职业要求。不过，倒可以尝试借助于已有的认识得出一个可能接近事实的答案，这些认识可以通过对巨石阵的整个修筑时期以及修建它的时代发生的重大变化进行研究而获得。

在人类的漫长历史中，一再地出现具有深远影响的转折点，不管是向直立行走的进化，对火的掌握，车轮、犁耙或马镫的发明，还是在距离我们没有那么遥远的年代，活字印刷术的发明，由蒸汽机的发明推动的工业革命或者电脑的出现，所有这些创新都是重要的里程碑，因为它们为人们开启了全新的视角，并且由此大大地推动了发展。除了人类的这些基本发明以外，至少还可以从完全不懂信仰为何物的角度，再加上另一个重要的发明：宗教。即使人们不想把宗教观念视作由于惧怕不可避免的死亡而人为制造的东西：不管怎么说，宗教思维都是人类最早的精神实践之一。

由于缺少文字资料，理解史前人类的宗教思维并不容易，但是生活条件和可见的遗迹，以及人类学和宗教学方面的认识，都提供了相关的信息。宗教思维始于人们对自己所处环境的思考，始于人们寻求对周围一切无法解释之事做出的解释。我们现代人很难设身处地地理解这一点，因为我们虽然仍无法全部理解地球上和宇宙中发生的事情，但是大多会心无存虑地认为，这些事情业已研究出来了，或者有朝一日终将研究出来。我们切实拥有着丰富的知识，我们历经了几千年的人类历史来获得它，我们也愿意相信，不管怎样，所有的一切是绝对可以解释的。我们现在可以自由地决定，是否愿意信仰某一宗教，但是人类历史上的绝大部分时间里，有关信仰的决定都是无法选择的，因为人都无法摆脱人类特有的、试图了解自身存在及其可怕有限性的欲望。确切地说，人的宗教思维是不可避免的，因为只有这样，才可以解释世界之谜和人类存在之谜。一些专家有理由认为，宗教经验在人类存在的早期，也就是人类开始有意识的时候，是最为重要的。

不断发展的宗教虔信是一种宇宙宗教观，根据这种宗教观，世界代表着一个有灵魂的、神圣的整体。其中，万物都有自己的位置：永恒轮回的原则，不仅体现在每一株植物和每一个人类生命中，也呈现为夜空中亘古不变且又神秘莫测的熙熙攘攘或者四季的轮回往复。与之相应，死亡并非终曲，而是重生的必然；草木皆逢春，人亦如此。几万年以来，人们都会安葬死者——一种宗教世界观的象征，这种宗教观不想在人的肉体死亡中看到绝对的终结。从陵墓上可以清楚地看到，死亡在人的思维中扮演着多么重要的角色，否则他们就不会如此敬重死者。与祖先的联系，对于现在和未来都是意义重大的要素。

虽然只能粗略地确定"发明"宗教的年代，但在时间上可以相对准确地定位另一个重要的转折：公元前8000年前后，也就是距今大约一万年前，新石器时代开始了，巨石阵便是在其晚期开始修筑的。新石器时代在欧洲大概持续到公元前2500年，随后进入到青铜器时代。有些专业人士会把人类在新石器时代走过的里程碑称之为"新石器革命"。严格地说，这个概念用得并不恰当，因为革命是迅如闪电的倾覆，而新石器时代的那些变化则不同，它是跨越数百年才实现的；另一方面，那个时代的确发生了一些革命性的事情，尽管比较缓慢：人类从狩猎者和采集者发展为农民和畜牧养殖者，由此——也是最为重要的——定居了下来。不再相对被动地追寻食物，很少依附于某个地方，而是长期地安家落户，并且在某个固定的地点创造性地主动劳作，这是人类进一步发展的基本前提：城市建设、国家形成、高度文明、工业化、现代性。从近东地区开始，在不同地区、不同时期，农民的畜牧养殖实现了向生产型经济方式的发展。

这种大力的发展，从中期来看也产生了深远的影响：农业种植，即有计划地种植此前野生的、被采集的植物，需要具有生物学知识和新的工具，这些工具不再只是从岩石上打凿下来的，而是用越来越娴熟的技艺精心打磨出来的。为了在某个地方生活下来，人们还修建了固定的栖身之所，制造了合适的容器用于储存。在人类的定居点，逐渐形成了劳动分工；食物产量的日益提高，使得有些人可以摆脱直接生存之忧，能够从事协同劳作。对符号的象征性运用朝着形成文字的方向迈进。农业种植和牲畜饲养使人口得以不断增长，再加上对自己土地的眷恋和依附，反过来又制造了较大群体之间的潜在冲突——这时候的人早就不再是说话磕磕绊绊的穴居人了。

最初，这些社群还是以社会平等为特征，从居住建筑和冥器就可以看出这一点。很难确定的是，什么时候开始形成阶层、权威有了决定性的影响，以及差异变得更加重要。就巨石阵而言，这显然是一项历经了许多代人的巨大的集体成就。然而，修筑这座历史纪念碑需要参与人员投入数百万小时的辛苦劳作，他们是自愿还是被迫，现在已经弄清了。

有了宗教和定居这两个早期人类历史的革命性成就，没有魔法师和类似超人的帮助，人类也可以建起巨石阵这座石器时代的纪念碑，这是合理可信的，因为定居的生活，完全不同于不断地从一个狩猎区迁至下一个狩猎区，从一个采集区转移到另一个采集区。随着定居下来，人们的宗教虔信发生了变化。他们的直系先辈居无定所，将从自然中形成的地方用于宗教目的，因为他们一直都处在迁移之中，新石器时代的农民则为宗教祭礼创建了固定的场所，并且进行了设计布置。至今依然令人叹为观止的场所之一，就是巨石阵的这些石圈，它们位于索尔兹伯里平原这个数百年来都很神圣的地区，那里还有许多其他的圣地。

随着向定居的生活方式的转变，一年四季的轮回有了重要意义，人们对天体运动的兴趣也与日俱增，尤其是对太阳的运动：那些依靠农业种植为生的人，在一个固定的地方经历了自然界一年中的变化，都会特别重视生成与消逝这一永恒的循环。同时，有了固定的地点，天体观测也可以连续进行，人们把目光投向了充满神秘感的天空，天空同样也为地球上周而复始的变化以及播种和收获的正确时间,给出了相应的暗示。因此,人们就像敬仰哺育他们的富饶大地那样,虔诚地崇拜天空。

在出生、活着、死亡和重生这一无限循环中,存在是永恒且不可动摇的,能够象征它的物质是石头,在某种程度上可以称之为死者灵魂的不朽之地。其证据不仅有石圈,其中数百个都位于欧洲——即使它们大多没有巨石阵那么蔚为壮观——还有其他的考古遗址。对于今天的我们来说,岩石更多被视为一种死物,而死亡又被视作终结,但对于新石器时代秉持循环观的人来说,死亡之中孕育着新生命的种子、重生的种子——就如冬天过后,大自然万物复苏,重现生机。就这点而言,即便是主观认为死了的石头,也暗藏着生机,或许正因如此,不管是坟茔还是巨石阵,都使用石头作为材料。由于不朽,石头在充满仪式感的象征性思维中拥有无穷的力量。巨石的使用成为那个时代的标志,并非是平白无故的,因此,称之为巨石文化也是合乎情理的。

我们研究巨石阵,必须将其置于这一背景之下,即便始终难以得出明确的结论,而且有争议的问题如此之广泛,以至于相关书籍可以摆满数米高的书架。尽管如此:巨石阵是一个宗教性的、祭礼用的丰碑,用作墓葬和祭祀地点以及集会场所。对于方位定向,新石器时代的人同样有宗教上的原因。可见天体在新石器时代宗教想象的世界中有着特殊的意义,因为它们如此神秘莫测,也因为它们构建了生命:最重要的是太阳,它决定了昼夜和四季变迁,有着周期变化的月亮同样重要。就巨石阵而言,它并不是唯一的用于虔敬观天的史前建筑,它的方位定向,最初可能是为了观测月亮,后来改为以太阳的运行轨迹定位。

因此,或许只能审慎地将巨石阵称为史前天文观测台,因为它并不是为我们想象中的某种天文活动修建的——也不是为了揭开臆想中的世界的秘密。这座建筑的天文定向以服务于宗教和祭礼为目的。尽管如此，这样一座历经数个世纪的、由共同劳动修建而成的建筑，或许也有着与生活息息相关的用途，可以通过观测太阳、月亮以及其他肉眼可见的星体，为播种和收获以及按照一定规律重复出现的节日的特定时间做出历法上的推论。巨石阵的"世俗"目的和宗教目的之间的界限，就如当时的日常生活和神话紧密交织在一起那样，很难分清。生存基础的具体保障也包含着宗教祭礼这一内容，就像地球作为生存的温床以及太阳作为生命的赋予者享受着顶礼膜拜。尤其是二至点，即冬至和夏至，作为年周期的峰值，最有可能是特别重要的祭祀节日——巨石阵就是根据空中星座的位置及对它们的视觉感知定位方向的。除却上述这些用途以外，有关巨石阵功用的解释，依然都是推测性的，而且也不太适宜于借此对新石器时代和青铜器时代的人及其生活的世界做出公正的评判。

尽管这座复杂的建筑在许多细节问题上仍旧神秘莫测，但是可以想象得到，一群上等精英如何簇拥在它的中间，尤其在某一天，因为夏至时，天空中星座的位置和石圈形状的人类建筑，会让人们感受到一番壮观的景象；旭日东升时，第一缕阳光穿过脚跟石以及与之对称，但如今已没了踪迹的石头，穿过牺牲石及其对应的石头，再分别穿过撒森石圈和马蹄形石阵的两块石头，洒落在建筑群中间，这时那里的人们会沉迷于这个世界，感到与它无比亲近。因此，齐聚在巨石阵石头下方的人们，很有可能会心满意足地感念他们的祖先，先人们为建造巨石阵付出的努力显然得到了回报。

二
雅典卫城（希腊）

将最令人印象深刻的建筑——在一定程度上可以说是当时已知世界的建筑热点——列一个"七大建筑名录"的想法，已经有两千多年的历史了。虽然除了埃及金字塔，古代的其他世界奇迹均已不复存在，但它们的盛名仍然持续到今天。这些"世界新奇迹"的先

辈大多坐落在古典时期的希腊城邦，但也有一些位于被亚历山大大帝并入其帝国的国家。现在已被列入"世界新奇迹"候选者名单的这座举世闻名的希腊建筑，不属于那些"老的"世界奇迹，只有它最著名的建筑帕特农神庙在中世纪时曾出现于一些世界奇迹的名录中，而这些名录的编纂者对于古代的排名并没有具体的认知。这座建筑就是雅典卫城，它代表了希腊的历史文化遗产，世界上很大一部分地区直到今天都与之相涉良多。它被视作古希腊的缩影，对希腊人而言，它是国家身份的象征，就如中国长城之于中国人，勃兰登堡门之于德国人，或者华盛顿的国会大厦之于美国人——尽管今天的希腊与两千五百年前的雅典城邦似乎并没有太多关系。如今，卫城仍然是雅典的地标性建筑，因为能够一览无余地看到它，使得希腊首都的房地产变成了销金窟。

雅典卫城——本意是高丘上的城邦——被认为是公元前5世纪雅典城邦鼎盛时期的建筑标志，该时期也是雅典民主的伟大时代，现代的民主政体又可溯源于此。同时，雅典卫城在这一时期也是雅典权力意识的广告牌，毫不掩饰地主导着阿提卡海上同盟[①]。因为雅典虽然对内施行各种民主，但贯彻其霸权主张时，却绝不手软。其他希腊城邦，包括纳克索斯或萨莫斯等同盟的成员，对此都有切身体验。古典时期的卫城是这种强权政治的产物，因为不管是敌是友，它都会让他们知道，在希腊谁说了算。

卫城伴随古代希腊历经沧桑，度过了一个又一个时代：在公

[①] 阿提卡海上同盟（Attischen Seebund），即"雅典海上同盟"，雅典是阿提卡地区的重要城邦。该同盟成立于公元前478年，是为了共同抗击波斯，以雅典为首的部分希腊城邦结成的海上军事同盟，因盟址及金库曾设在提洛岛，故又称作"提洛同盟"。公元前5世纪60年代起，雅典逐渐将提洛同盟变成它控制和剥削盟国的工具，成为实际上的盟主。——译者注

元前2000年早期的迈锡尼时代,雅典便是中心之一,此外还有伯罗奔尼撒半岛的迈锡尼和皮洛斯或者维奥蒂亚的底比斯。同其他地方一样,在雅典,确切地说在卫城山上,为国王及其统治机构修建了一座宫殿,后来扩建为城堡,作防御之用。当时,就把卫城的入口设在了西侧,如今的山门依然矗立在那里,欢迎着接踵而至的游客,更加古老的城门建筑遗迹也隐藏在那里,它们原本建于现在尼基神庙①所在地的旁边。所谓的独眼巨人墙②是迈锡尼时代的典型特征,现今仍存有部分残垣。这堵墙环山而建,总长大约四分之一公里,保护着卫城以及山上的圣所,根据传说,这些圣所供奉的是雅典娜和波塞冬等神祇或者传说中雅典的建立者忒修斯。当迈锡尼文明在公元前1200年前后没落之时,繁荣的希腊城市在入侵者的攻击下沦陷了,但是雅典却没有失守,尽管如此,它也陷入了颓势。虽然雅典在一段时间里依然举足轻重,但是科林斯等城市变得更为重要,雅典逐渐丧失了它的影响力,居民人数同样锐减。但宗教中心仍然是卫城,固定在那里举行的祭礼依旧继续:祭品露天摆放,最终被保存在简单的建筑物中。昔日数量不菲的宝库,如今虽然还遗留有少量碎瓦残砖,但是连它们所在的位置,都无法准确定位。

与雅典卫城有关的第一个有历史记载的日期,跟一件确凿无疑的丑闻联系在一起。那时候,第一座大型神庙已经建成,在备受崇拜的卫城众神中,它选择供奉的是雅典娜。公元前632年,声名卓

---

① 尼基神庙(Nike-Tempel),全名为Athena-Nike-Tempel,Nike在希腊语中意思是胜利,故又称作"胜利神庙""雅典娜尼基神庙"或"雅典娜胜利女神庙"。在古希腊人眼中,雅典娜具有多方面的特性,包括智慧、战争、艺术、守护与医疗,等等,她也因此拥有了诸多称号,均冠于其名后。——译者注
② 独眼巨人墙,由巨大的石块垒成,因高耸雄伟的构造,被后人谣传为神话中的独眼巨人所建,故得此名。——译者注

著的古代奥林匹克运动会冠军基伦，也就是邻邦麦加拉的僭主忒阿根尼的女婿，想效仿其岳父，占领雅典卫城，成为雅典的僭主。为了确保暴动能够得到诸神庇佑，从而成功，基伦前往著名的德尔菲神庙寻求神谕。那里阿波罗神殿的女祭司们因其隐晦的预言而闻名，这很容易诱使胸有定见的问卜者按照自己的意愿来解释问得的预言。基伦想知道什么时间适宜起兵暴动，卜得的神谕为"最重要的宙斯节日"。野心勃勃的基伦认为，这个神谕指示的是奥林匹克运动会，于是当奥林匹亚为祭祀宙斯举办竞技会时，他率军占领了雅典卫城。然而暴动失败了，不仅如此，尽管基伦被允诺可以安然撤军，他和他的追随者们还是被杀死了。

雅典和雅典卫城的伟大时代到来前一百多年，是著名的立法者德拉古和古希腊七贤之一梭伦的时代。尤其是梭伦的改革，为雅典的崛起奠定了基础。我们对这一时期雅典卫城的了解，不仅仅要感谢辛勤的历史学家的文字记载，吊诡的是，还得归功于波斯人后来的破坏行为。因为雅典人没有重建被毁的建筑，而是将山丘上所谓的波斯废墟掩埋起来，这是考古学家的福气。对波斯废墟的发掘成果证实，当时的雅典卫城已经是希腊最重要的圣所，因为在那里的发现，超过了同一时期的德尔菲以及奥林匹亚的圣所。如今雅典卫城这片废墟，主要是后来的古典时期的重要建筑遗址，这些建筑都有其前身，例如尼基神殿建于某处圣坛之中，厄瑞克忒翁神庙或者帕特农神庙是在（至少）一座前身建筑中修建的。此外，从波斯废墟里抢救出一些雕像，它们是许许多多用于装饰卫城的雕像中的一部分，原本都是彩绘的。除了雕刻有年轻的男男女女，还有动物，其中包括必不可少的猫头鹰，它被视作智慧的象征，是雅典城的守护神雅典娜的标志。

梭伦的改革并没有让雅典城邦永远地团结在一起，就如希腊其他地方一样，雅典也开启了僭政时代。公元前6世纪中叶，僭主庇西特拉图居住在雅典卫城，那是他发动了三次冲锋才获得的长久占领的地方。根据历史学家希罗多德所述，为了让雅典人猝不及防，庇西特拉图每次攻击时都使用了诡计：第一次，这位功勋卓著的统帅声称自己受到了威胁，跟同样获得许可的护卫一起占领了雅典卫城，敌方的两个贵族将他赶出城去。第二次他派一位漂亮的女子化装成雅典娜女神进入城中，此人在城中为庇西特拉图的复辟四处奔走，并得到了民众的响应，但他还是再次被驱逐。第三次他发动武力政变，夺取了政权，这次获得了长久的成功。

真正的恐怖统治并没有立刻出现在他执政雅典卫城的时代，因为他关心阿提卡地区穷苦农村人民的需求，举办了一些庆祝活动供民众消遣娱乐，还试图为雅典彼此交恶的贵族家族进行调停。因此，不管在经济方面，还是文化领域，整个地区都欣欣向荣。虽然雅典卫城基本上保留了它的外部轮廓，但新增了敬奉阿耳忒弥斯女神的新祭祀区和一个规模更大的城门建筑。雅典的这座城中之山不再仅仅是汇聚当权者和祭司的精英之所，还变成了民众祈求保佑的地方。在卫城山的南坡，为了祭祀重要的神祇酒神狄俄倪索斯，庇西特拉图命人修建了神殿——每年春天，那里都会举行庆祝活动，后来演变为精彩绝伦的戏剧舞台，上演着伟大的希腊剧作家，诸如埃斯库罗斯、索福克勒斯、欧里庇得斯、阿里斯托芬等创作的戏剧作品。这令雅典城倍添荣光：这些演出开创了戏剧这一艺术形式，直至今天，它仍是文化领域不可或缺的一个组成部分。庇西特拉图把有着悠久传统的纪念雅典娜女神的庆祝活动，变成了一场有公众效应的庆典，其间会举行大量的活动，每四年都会吸引大量民众从四面八方赶来：泛雅典娜节（Panathenäen）成为了古希腊地地道道的重要节日。高潮是盛大的庆祝大游行，游行队伍从位于雅典西北30公里的厄琉西斯出发，浩浩荡荡地抵达雅典卫城。

庇西特拉图亡故后，他的儿子和继任者希帕科斯被谋杀，更多是出于私人原因，而非政治原因，此后，其兄希庇亚斯的统治方式显然更加严酷。尽管如此，公元前510年，把他驱逐出雅典的并非他自己的同胞，而是斯巴达人。希庇亚斯流亡波斯，在雅典，贵族家族则为获取政治影响力而争吵不休。

最后，在改革家克利斯提尼执政期间，公元前6世纪末期，雅典城邦通过彻底的内部改革，开始向真正的民主国家转变。卫城变成了纯粹的圣地，包括雅典城的保护神雅典娜波利亚斯①最重要的神殿。然而，当时的圣地具备的并非仅仅是宗教特征：正如中世纪引以为傲的大教堂不仅服务于虔诚的祈祷者，至少还会为基督教的荣耀增添光彩，雅典卫城的建筑变成了远远就能看到的城市象征，这一时期的雅典才开始崛起，后来主宰了整个希腊。

克利斯提尼采用了新的宪法，并且以公民大会作为决策机构，此外为避免再次出现僭主政治，创立并实施了著名的陶片放逐法②。据此，雅典人可以将不受欢迎的政客放逐在外长达十年。民主制度形成的最终推动力来自于雅典在公元前480年萨拉米斯海战中击败波斯人取得的胜利，因为正是雅典人民自己挽救了岌岌可危的城邦。公元前5世纪初，小亚细亚的希腊城邦反抗波斯人的起义，已

---

① 雅典娜波利亚斯（Athena Polias），波利亚斯也是雅典娜的称号，意思是城邦的守护神。——译者注
② 陶片放逐法，古希腊雅典城邦实施的一项独特的民主制度。如果公民大会认为有人威胁到雅典民主，有可能成为僭主，就会在特定时间举行放逐投票。这时，雅典公民以陶片或贝壳为选票，在其上刻下希望被放逐者的名字。如果某人的得票超过6000，就会被宣布放逐，流亡国外。被放逐者无权为自己辩护，必须在十天内离开雅典，放逐期最初为十年，后改为五年，但都可以为城邦的需要随时被召回。——译者注

经发展成一场希腊人和波斯人之间的大规模战争。公元前490年，波斯大军入侵至希腊腹地，但一开始可能在马拉松附近遭遇攻击而溃败。十年后，他们卷土重来，危及雅典。就连德尔菲的神谕在当时也直截了当地表明，对雅典卫城不抱希望，于是它随雅典城一起被摒弃。全城居民撤离到了附近的萨拉米斯岛，只留下少数几个人驻守在雅典娜神庙里，但所有的设防都无济于事：波斯人攻占了雅典卫城，这片圣地惨遭蹂躏，并被纵火焚烧。出乎所有人的预料，雅典取得了决定性的萨拉米斯海战的胜利，这也是波斯统治终结的开始，甚至包括对小亚细亚地区希腊城市的统治。对于卫城来说，随之而来的是修缮波斯人留下的创伤，并将其扩建成要塞；对于城邦来说，则是大量扩充海军军备，成立阿提卡海上同盟，加强防卫。不过首先是欢欣鼓舞地在卫城残破不堪的废墟中展示了其丰硕的战利品。

伯里克利这个名字尤其代表了雅典民主制度的繁荣，但其纯粹形式实际上只持续了半个世纪。在他掌权期间，展开了热火朝天的建筑活动，雅典卫城也从中获益。雅典公民大会决定营造新的建筑项目，与建筑师和雕塑家一起为这个毁于一旦的"高丘上的城邦"拟定出新的施工计划。其目的并非仅仅简单地消除波斯风暴造成的破坏，更是要在建筑领域宣示璀璨的雅典复兴。这些施工计划规模浩大，为此不得不从希腊各地招徕工匠前来雅典，因为只靠雅典自己的匠人根本无法完成这项工作。虽然雅典卫城在波斯风暴之前的外观，不得不根据被波斯军毁掉的建筑的废墟进行复原，但公元前5世纪下半叶重建建筑的遗迹，直到今天仍然可以参观：卫城山门、尼基神庙、厄瑞克忒翁神庙，尤其是帕特农神庙。

雄伟壮观的城门建筑——卫城山门的正前方坐落着雅典娜尼基神庙，它虽然从未被改作他用，但多次遭到拆除，复又重建。胜利女神作为城市的保护神，赋予她的这片圣域面积有些局促——不仅对于雅典人，而且对于希腊整体的社会情况来说，这座神庙都是相当小的。为此，把它建造得精巧漂亮，装饰有许多浮雕，其中描绘了大量战争情景以及一次诸神聚会的场面，四周用设计得极具艺术感的石头柱廊环围。

　　山门是在卫城旧的入口处新修的建筑，是一座令人印象深刻的正门，同时也表现出雅典人对他们的城市保护神的重视，并且展示她的力量和伟大。即便山门的雄伟壮观会让人有其他猜测，但是它根本就没有竣工，这可能是伯罗奔尼撒战争造成的，这场战争在短短几十年以后就结束了雅典的繁荣。山门在希腊语中使用了复数形式，其原因在于这座功能性建筑的规模宏大，不仅仅用作庄严肃穆的入口，而且还有附属建筑，其中包括一个用绘画作品装饰的建筑，供古代的卫城访客休息之用。山门最著名的景观是中央建筑，通道左右两侧各有三根8米高的多立克式柱子；内部原本还有更高大的柱子，约10米高，采用爱奥尼亚柱式，风格更为精致。泛雅典娜节的庆祝活动中，祭祀队伍会穿过这些廊柱，继而登上卫城山顶，在平坦的高地向雅典娜女神献奉。无论是两千五百年前的祭祀游行，还是今天的朝圣之旅——这座建筑都没有失去它的作用。

　　穿过山门的柱廊向左而行，途经多座规模较小的建筑和雅典娜普罗玛琪斯之像①，便可到达厄瑞克忒翁神庙，那里有著名的少女像柱门廊。作为战斗先锋的雅典娜（Promachos在希腊语中是战斗先锋的意思）的立像并没有保存下来，但是仍然可以辨认出它曾经所在的位置。据推测，这是一座至少9米高的青铜像，除了古代的描

---

① 雅典娜普罗玛琪斯之像（Statue der Athena Promachos），普罗玛琪斯是雅典娜的称号之一，意思是战斗先锋或者前线的战斗者，这尊雕像塑造的是以战斗姿态出现的雅典娜。——译者注

述以外,钱币上的图案也佐证了它的外观。帕萨尼亚斯在公元 2 世纪著写了一本希腊旅游指南,书中记载道:远远地就可以看到它,从海上便能辨别出头盔和长矛,铸造它的资金来源于从波斯人那里获得的战利品。经过古老的围墙继续向前,墙的右后方是旧的雅典娜神庙的墙基,这座神庙也被称作赫卡托巴恩神庙,已经在波斯人的战火中毁于一旦。在修建它之前,这个地方曾经坐落着迈锡尼人的王宫。

厄瑞克忒翁神庙的遗迹更为丰富,据说它将被毁神庙中的雅典娜的圣物以及其他散布在卫城山上的神像都收入其中。厄瑞克忒翁这个名字源于神话中的古代雅典国王厄瑞克透斯,他是天神赫菲斯

托斯之子，由雅典娜抚养长大，相传他的宫殿就建在此地。这座用意不明的建筑跟山门一样，从未按照施工计划完成其最终形态，这也给考古学家平添了一些困惑。还有原因就是，不同的、有些甚至非常古老的祭祀对象曾在这里相邻而居，而且在接下来的几百年间，它又被改建或者改作他用：不仅作过基督教的教堂，而且还曾是法兰克公爵的治所和土耳其人的哈来姆[①]。除了雅典的保护神雅典娜波利亚斯，这里还供奉着奥林匹亚山上的其他两位神祇波塞冬和赫菲斯托斯、另一位名为凯克洛普斯的古代国王和他的女儿潘德罗索斯以及雅典英雄波忒斯。他们都是雅典人自我理解的神话宗教中的重要人物，每一个都在这座供奉神祇和英雄的建筑里或者周围找到了自己的一席之地，这座建筑的造型如此任性，至少可以由此得到部分解释。

举世闻名的少女像柱门廊位于凯克洛普斯陵墓近旁，支撑檐部的不是石柱，而是少女雕像，从罗马皇帝开始，几个世纪以来它一直被复制。

从山门出发，沿着平坦的山顶的南侧向前，首先见到的是助产女神阿耳忒弥斯的圣所。这座建筑并不是真正的神庙，而是柱廊，建造时间可能与山门相同。柱廊内部的木制雕像在古代披着前来祭拜她的女子敬献的衣服，她们希望借此为腹中的婴儿祈福。在阿耳忒弥斯圣所旁边，坐落着一个细长的大厅，也就是青铜室，里面储藏着青铜铸造的武器和祭品。这座建筑也已不复存在了，它的后面就是帕特农神庙。雅典卫城最大，并且是令人印象最为深刻的建筑。

[①] 哈来姆（Harem），穆斯林传统住宅中的女性住房，相当于内宅、闺阁或后宫。——译者注

这座伯里克利统治时期修建的神庙竣工于公元前432年，施工时间只有令人惊讶的短短十五年。大量的神庙修建于古希腊罗马时期，当然每一座城市都热衷于大兴极其奢华的建筑来敬奉对其重要的神祇——也是为了展现它们在建筑方面的实力。僭主庇西特拉图也已开始在雅典修建一座具有代表性的宙斯神庙，但是他的倒台致使神庙未能竣工。在波斯人大肆破坏之前，卫城还有一座神庙也未曾完工。

　　重新规划兴修这座宏伟建筑，是一个政治问题。伯里克利命人将阿提卡海上同盟的金库从提洛岛转移到雅典——据说是为了保护它，但归根结底，这项举措明确地表达了雅典在新的防御联盟中的霸权主张。供奉贞女雅典娜（雅典娜帕特农①）的帕特农神庙就是靠这个金库的资金支持修建的——严格来说，它并不是一座神庙，而是一座神庙形式的世俗建筑，即海上同盟和雅典城市财政的珍宝库。虽然按照希腊神庙建筑的规模来看，它只属于中等大小——高度将近22米，有100多根高耸的石柱，巍然矗立在雅典城上方——但并不能回避它的影响力。修建它，可能是有意与希腊最引以为豪的神庙——奥林匹亚宙斯神庙一争高下。不过帕特农神庙是雅典第一座全部用大理石建造的建筑。

　　这种宏伟的印象甚至还借助于各种建筑技巧得到了强化，例如石柱上方变细，或者露天台阶的踏步略向中间隆起，不过效果却很明显。这种曲线贯穿整座建筑，使它显得更加巍峨壮观。这座建筑虽然看似简单明了，但是施工依据的设计方案却非常复杂。因为每块建筑石材都只适合于放置在某个特定的位置，所以必须对它们进

---

① 雅典娜帕特农（Athena Parthenos），帕特农为雅典娜的称号，原意是贞女、处女。——译者注

行精巧打磨，这也在修复这座17世纪毁于战争的神庙时，大大减轻了工作难度。

　　仅帕特农神庙的建筑成本，总计高达相当可观的五吨白银。兴建它时，与修筑山门一样，使用了希腊各种艺术手法和建筑风格，这一点在比较生硬的多立克柱式和更加灵动的爱奥尼亚柱式上表现得尤为明显。主室，也就是内殿，三面由石柱环围，里面矗立着由黄金和象牙雕刻而成的珍贵的雅典娜女神的巨型雕像。它曾经所在的位置，如今只剩下了一个柱基留下的坑洞。不过，因为这尊雅典娜像是古希腊罗马时期最著名的雕像之一，对它的描述也多于其他任何雕像，而且它也常被复制，所以在今天，仍可以在世界各地许多博物馆里欣赏到缩小了的复制品。神像的原件高达12米高，光是黄金就用了1000多公斤——可能为了检查是否被盗，曾有人把它们取下来称重。

　　帕特农神庙的建筑装饰也极负盛名，几乎不亚于寺庙的整体景观。正立面的顶部最初是彩绘的，因此效果更明显，四周共有92个柱间壁[①]，上面装饰的图案让那些后来将神庙改作教堂的基督徒感到不快，因而被他们拆除了。当时只保留下了南侧的装饰图案，但也在17世纪末遭到破坏。画面描绘的是战争场景，例如诸神对抗巨人，希腊人抗击波斯人或者半人马。带有柱间壁的外侧石柱背面，上方是帕特农神庙的横饰带，雕刻有数百个人物和动物形象。饰带展现了泛雅典娜节游行的盛况，同时还描绘有神祇和英雄，他们宽仁地注视着游行的人群。东西两侧的山墙也都装饰有浮雕。神庙被改造成教堂时，基督徒的狂热令东边的山墙几乎所剩无

[①] 柱间壁（Metope），多立克柱式的檐壁的三陇板之间的方形部分，通常装饰有浮雕或圆雕。——译者注

几，但是帕萨尼亚斯可以告诉我们，那里描绘的是雅典娜诞生的场景。根据神话传说，雅典娜是从她的父神宙斯的脑袋里诞生的，为此赫菲斯托斯用斧头劈开了宙斯的脑袋。与之相应，东山墙上还可以看到日升月落以及许多其他的神祇。包括动物在内，那里总共汇集了50个浮雕形象。然而，帕特农神庙东侧的横饰带已经无法再真实地还原。现存较好的是西侧山墙，展现的是雅典娜和波塞冬争夺阿提卡半岛的画面。浮雕所描绘的两个冲突地点，至今仍可以证实，就是位于雅典卫城的祭祀场所：后来在那里修建了厄瑞克忒翁神庙，据说波塞冬曾经将他的三叉戟戳入此处的山岩，使得泉水从岩石中流出，雅典娜则种下了一株橄榄树。雅典娜赢得了这场夺取阿提卡的争斗，她的声誉在卫城得到各种各样的颂扬——并且被毫不掩饰地用于政治上的自我表达。

对于今天的参观者来说，想象公元前5世纪，甚至几百年前的雅典卫城，是一个相当大的挑战。虽然一些建筑得以重建和修复，但它们中间已没有了昔日的花园和自然植被，也没有了建筑物上五颜六色的装饰，数量众多的古迹也再无从寻觅。在雅典的全盛时期，卫城不仅是最重要的祭祀场所，同时也是一座露天博物馆，展出着同一时代的艺术家的重要作品。即便这里是神圣之地，喧嚣与忙碌也更胜于虔诚的静谧。那些虽然没有遭到毁坏，却脱离了地域以及历史和艺术背景，被保存在世界各地不同博物馆里的东西，漫步于俯瞰着雅典的卫城时已无缘一见了。今天呈现给我们的，是现代人对古希腊罗马时代想象的产物，属于理想化和幻想的范畴。或者，更直白地说，是肆意毁坏和破坏性修补的结果。

几百年的时光噬啮着雅典卫城。公元前480年波斯人的蹂躏应该不是唯一一次，也不是所有的破坏都与战争有关。

激进民主制度下的雅典仅仅辉煌了几十年。这个时代的雅典在

内政和艺术领域或许至今都堪称楷模和典范,但在与其他希腊城邦打交道时,则毫无表率之资,表现得咄咄逼人、傲慢自大。长期以来,雅典都在为自己谋求希腊的霸主地位,但时间一久,进展便不再顺利,最终导致了伯罗奔尼撒战争。这场战争严重地殃及了整个希腊,公元前404年,雅典被迫向对手斯巴达投降。

四分之三个世纪以后,雅典跟希腊一起再度崛起,不过这次是在马其顿的领导之下。此时,亚历山大大帝第一次给予了卫城比较重要的馈赠——从波斯人那里获取的战利品被镀上了黄金,并装在帕特农神庙上。不久以后,马其顿人"征服城市者"德米特里一世成为了第一位住在卫城的统治者,确切地说住在帕特农神庙里,然而,他并没有尊重这片圣地,而是把它变成了寻欢作乐之地——普鲁塔克①在公元1世纪时曾对此表示悲愤。"征服城市者"德米特里

---

① 普鲁塔克(Plutarch),罗马帝国时代一位用希腊文写作的传记文学家、散文家、历史学家、哲学家,其代表作为《希腊罗马名人传》。——译者注

之后一百年，雅典的社会环境遭到极大破坏，以至于某位雅典的僭主会去偷取雅典娜帕特农盾牌上的黄金。其他统治者则对圣地表示了他们的恭敬，带来献祭品或者命人在山脚兴修建筑。伴随罗马时代而来的是大规模的掠夺，但是此外也增修了新建筑，其中包括帕特农神庙后面的罗马和奥古斯都神庙，这是一座由九根石柱组成的圆形庙宇，如今只剩下了基座和残存的石柱遗迹。

古典时代结束以后，雅典卫城的神庙被改用作教堂和清真寺。先是一位东罗马的主教将他的府邸安置于卫城山上，随后法兰克人、勃艮第人、加泰罗尼亚人和佛罗伦萨人接踵来此定居，直到15世纪中叶起，土耳其人在长达几个世纪的时间里——除却威尼斯人上演了一段很短的插曲以外——控制着卫城，使之再次沦为村庄，犹如它成为引以为傲的圣地之前的样子。然而，那些古代的建筑在此期间所遭受的破坏，远远小于此前或此后其他统治者的当权时期，即使有些建筑也遭到了改建：帕特农神庙改作清真寺，山门转用为宫殿。雅典变成了偏僻荒凉的外省小城，并且难以通达。雅典卫城作为古希腊罗马艺术和建筑的经典之地，已经被遗忘了。虽然中世纪的欧洲也重视古希腊罗马时期的其他遗产，雅典却不得不屈居罗马之后。直到17世纪70年代，有关雅典卫城宝藏的游记才引起了巨大的轰动。不久以后，威尼斯军队的围攻造成了灾难性的后果：先是将帕特农神庙拆除，用作军事防御工事，然后在威尼斯人的炮火下，安置在神庙中的火药库发生爆炸，这座建筑随之被炸毁。

有关帕特农神庙命运的报道与对古代民主制度及其自由理想日益浓厚的兴趣融合在一起，使得人们越发同情奥斯曼帝国统治下的希腊人。于是，首先在最古老的民主制国家英国，人们对古代建筑艺术的热情不断高涨，他们以雅典卫城的建筑为蓝本——厄瑞克忒翁神庙、帕特农神庙、卫城山门——修建了大量建筑。这种时尚很快就不再仅仅局限于英国：从伦敦到田纳西州的纳什维尔，从莫斯科到柏林，许多建筑都对雅典卫城有所借鉴。

然而，这种对古希腊罗马时期建筑艺术的恭敬推崇，并没有阻止雅典卫城在不久之后遭到大规模拆除。从 18 世纪末起，不断有船只从比雷埃夫斯港起航，载着雅典卫城这个整体艺术品大大小小的遗迹，驶往西方国家的首都，时至今日，这些城市大多把它们据为己有。占有欲强的古希腊罗马艺术品爱好者中，埃尔金勋爵尤为臭名昭著，他让人把以他自己的名字命名的埃尔金大理石雕[①]运到了伦敦。至此，几乎所有保存完好的帕特农神庙的陇间壁都被搬离了原本所在的位置，山墙上的 17 尊雕像以及厄瑞克忒翁神庙的一个中少女像柱也未能幸免。尼基神庙的一部分和这座城市的其他艺术珍品也被运到了伦敦。埃尔金勋爵最初只想让人绘制一些图片，浇筑一些仿制品，但后来借机把它们运走了。如今，人们仍可以在大英博物馆看到这些艺术品，尽管希腊政府多年来一直强烈要求英国归还这些文物。2009 年开放的新的雅典卫城博物馆里，专门为埃尔金大理石雕规划了展区，但伦敦方面依然认为自己是它们的合法所有者——事实上，整个事件并非为确定无疑的艺术品掠夺，因为奥斯曼帝国的占领军同意了将它们拆除。直到今天，类似的争议事件也会让其他国家之间的关系变得紧张，而这些国家在其他方面都是彼此交好的。

经过反复考虑以后，1833 年土耳其人和平地撤离了雅典，希腊开始了国王奥托的统治时代，此人的父亲是热爱艺术的巴伐利亚国王路德维希一世。因为时下希腊与欧洲的关系越来越近，人们

---

① 埃尔金大理石雕，英国驻奥斯曼帝国大使埃尔金勋爵从帕特农神庙上拆下的一块块精美绝伦的大理石雕及各类建筑物散片，陆续运至英国，现存于大英博物馆，有镇馆之宝之称。——译者注

对卫城的兴趣也越发浓厚，它那荒凉的外观迎合了 19 世纪浪漫主义的废墟情怀。下一群给卫城带来破坏的人恰恰就是考古学家，因为他们想为它肃清一切非古典时期的东西，这才造成了今天这一景观的主要特征——宛如荒漠般的废墟。不恰当的做法，使得今天的考古学家很难通过发掘工作更多地了解卫城的历史。因此，雅典卫城在今天呈现出来的景象，是现代人凭借想象力从（大多）原始部件中创造出的一种废墟，这必然会降低兴趣盎然的访客对历史的认识价值。尽管如此，雅典卫城每年都会一如既往地吸引数百万游客——谁若在参观卫城时对其背景渊源略有所知，并且避开川流不息的游人，在脑海中重建古希腊罗马时期的雅典卫城，必会内心丰盈地返回雅典这座喧嚣的大都会。

三
佩特拉（约旦）

宙斯的女儿克莉奥（Klio），古希腊人眼中司掌历史的缪斯女神，是一个极其善变、健忘并且不公正的女人。因为许多东西都被人类的长期记忆所遗忘，沉入了历史深邃的黑暗之中。这就是为什么世界对历史的认知以及历史上确定的事情永远只是碎片，而且必定始终伴随着这样的讯息，即在已经得到证实，有过描述或者被颂扬的事物周围，总会潜藏着一些被忽视、被遗忘和遭到贬损的东西，而且它们甚至占到了相当大的比例。所有的部族都曾遭受过这般的不公，因为他们都被遗忘过、忽视过，或者噤声过。不过有些时候，至少有一定的补救措施。

这样的事情就曾发生在纳巴泰人身上，那是1812年，瑞士的东方旅行家约翰·路德维希·布尔克哈特（Johann Ludwig Burckhardt）偶然发现了被他们遗忘的首都佩特拉。虽然在公元12世纪和13世纪，欧洲基督教世界十字军东征期间，在这座城市里修建了两座城堡，不过这都只是小的插曲。与他们的城市不同，纳巴泰人这支阿拉伯民族即便没有被完全遗忘，也是通过再次发现这座失落的神秘城市，才获得了应得的荣誉。

　　纳巴泰人的起源,已经无法再确凿无疑地查明,但研究人员一致认为,他们是阿拉伯人。很多迹象表明,他们最初来自于美索不达米亚,或者今天的沙特阿拉伯。古希腊罗马时期,谁若是述载纳巴泰人,无不强调,他们是如何适应了贫瘠的荒漠地区,如何在那里生存下来——以及当他们受到威胁或者遭到攻击时,又是如何利用这个臆想中充满敌意的周围环境来保护自己的。纳巴泰人对这片荒漠了如指掌,并且在迁移时,小心翼翼地不留下任何痕迹。此外,他们运用只有他们才懂得的相关知识,修建了蓄水设施,从而对紧急情况有所预备。这样就使生活在约旦贫瘠的荒漠地区的他们,获得了安全的保障和行动的自由,并且在很长一段时间里,确保了他们的独立性。纳巴泰人能够取得惊人的发展,无论在速度上还是变革方式上,了解荒漠是关键的先决条件:在极短的时间里,这些游牧民和商贩伺机演化为一个由农民、市民和职业商人构成的民族，他们拥有了国王和自己的钱币，拥有了辉煌的城市和富裕的上流社会，尤其是拥有了高效的农业，这要感谢他们高超的灌溉技术，这是在贫瘠的荒漠地区生存下来所必需的。

纳巴泰人的崛起最引人瞩目的见证，是他们的首都佩特拉。它位于今天的约旦境内，亚喀巴湾（红海伸向东北方的狭窄海湾）和死海之间的半程处。这座首都紧邻昔日乳香之路的一个重要站点。乳香之路是古代最重要的通商要道之一，连通了阿拉伯半岛南部乳香和没药的原产地与地中海，并且在佩特拉分成两路：北线通往大马士革，南线通往加沙。在很长一段时间里，来自于今天也门地区的迈因人基本上控制了当地的贸易，直到公元前2世纪末，迈因王国衰落，纳巴泰人得以从中获利，他们还受益于地中海地区不断增长的需求，同时价格跟边际利润[1]也相应增加。

公元前4世纪末，纳巴泰人第一次明确地出现在历史的记载中。在公元前312年的这次事件中，他们表现得英勇善战：他们成功地抗击了安提柯一世（亦称"独眼"安提柯），他是分崩离析的亚历山大帝国的继业者[2]之一。亚历山大大帝骤然离世之后，继业者们都想尽可能多地从这个庞大的帝国身上分一杯羹。他们为夺取亚历山大大帝的遗产你争我夺，安提柯是他们当中实力最强的人之一。第三次继业者战争之后，他统治了前亚历山大帝国位于亚洲的所有地区，即从今天的土耳其至印度河。

公元前312年，安提柯的部将阿忒那奥斯试图征服纳巴泰人，

---

[1] 边际利润，指增加单一产品的销售所增加的利润。——译者注
[2] 继业者，在泛希腊历史中，专指亚历山大大帝死后互相竞争的承继人。这些曾跟随亚历山大大帝南征北战的继业者，为王座的归属展开的延续了二十一年之久的战争，被称作继业者战争。——译者注

却徒劳无果，但他的计划倒也可圈可点：当男子都去参加某个类似展销会的集会时，他袭击了一处难以进入的山岩，那里是纳巴泰人储备物资的地方，当时只有妇女、儿童和老人驻留。突袭成功了，但是阿忒那奥斯没有料到，纳巴泰人会如此迅速地知道这件事情，旋即发起追击，并且击败了入侵者。随后，安提柯派他的儿子德米特里前来攻打上文提到的这座山岩，不过这一次，那里防守得非常好。有关这第二次征服企图的结果，现存的史料有不同的说法，这取决于对国王之子德米特里存有什么样的印象。不管怎样，希腊人都从战争结果中意识到，他们是无法战胜纳巴泰人的，最终放弃了这一计划，不过此前他们又在死海上发动了一次攻击，并且被击退，据说是为了夺取纳巴泰人在那里收集的沥青。

因为这次征服的企图又以失败告终，我们对纳巴泰人有了些许了解：他们是游牧民，也是成功的商人，带着他们的骆驼往返于阿拉伯半岛南部和今天位于黎巴嫩的腓尼基沿海地区，主要是做乳香和没药的生意，也买卖香料和沥青。乳香和没药是珍贵的香树脂，在国际贸易中发挥了重要作用：古代世界主要把它们用于礼俗和医疗，可是不得不从遥远的地方进口这些人所希求的商品。谁要是从事这类贸易，极可能从中获取大笔利润，因为它们的产地也门由此而富庶，所以罗马人称之为 *Arabia felix*，意思是"幸福的阿拉伯"。此外，纳巴泰人还买卖沥青，也就是沥青岩，今天，死海里仍蕴藏着这种矿物质，既可用作尸体的防腐，也可用于密封船只以及其他用途。

纳巴泰人涉入这些高价奢侈物资的生意，由此获取了一些财富，古希腊罗马时期的编年史作者如是描述时，间或会流露出几分羡慕。对纳巴泰人来说，长途贸易变成了一件真正成功的事情，以至于他们后来放弃了游牧的生活方式，定居下来。与游牧民族不同，定居文明留下了更多有关生活和劳作的证据，这给予了考古学家更多的认知可能，即使没有文字上的证据。

继业者"独眼"安提柯的觊觎之心落空以后，纳巴泰人却暂时又一次归于沉寂。考古学上得以证实的发现，已经是此后二百多年的物品了：钱币、瓷器、灯——所有这些证据都表明，此时纳巴泰人已然处于一种安居的状态，并且已经达至相当发达的文明。纳巴泰人从不安定的商旅生活方式转变为半定居的生活方式，这有可能源于因时代造成的客观情况，因为当时的纳巴泰人可能在经济上利用了该地区的政治变化。他们——或许是为了让贸易活动畅通无阻——不怕跟相邻的部族发生冲突：不管是与巴勒斯坦地区的哈斯摩尼的国王，还是与塞琉古王朝——另一个从坍塌后的亚历山大帝国分裂出来的继业者国家。后来，他们还跟希律王发生了战争。希律是罗马帝国在犹太、撒玛利亚和加利利等地区的代理王，这些地区都位于今天的以色列。据圣经新约记载，宗教创始人拿撒勒的耶稣诞生时，希律王为杀耶稣而下令大范围屠杀两岁以下婴孩，所以他始终都被赋予坏人的形象。因为纳巴泰人没有自己书写的历史，所以我们要了解这些事情的经过，就只能依靠外来的信息了。不过从其他证据，即他们的定居文明遗留下的残余物质可以清楚地得知，纳巴泰人跟其他民族绝不仅仅只有经济交换和武装冲突，他们同样受到了文化上的影响，确切地说，受到那些与他们有贸易往来的国家、民族和文明的影响，即从埃及的亚历山大到小亚细亚的米利都，从希腊的罗得岛到叙利亚，甚至有可能至印度。展现出这一点的，不仅有他们的陶器，还有他们的钱币，钱币上铸刻的国王肖像呈现了希腊化时代的艺术风格。后来的钱币更像罗马货币——可能因为纳巴泰国王认为，讨好强大的皇帝奥古斯都是有利可图的。

公元前 1 世纪最后二十五年间，纳巴泰人因其巍峨壮观的建筑突然又变得引人注目，一如他们在三百年以前出其不意地登上历史舞台——而且也没有像人们期待的那样，发现他们那些雄心勃勃的建筑曾有过比较简陋的前身建筑：纳巴泰人宏伟的庙宇和私人大宅，可以说就像是"从帽子里变出来的"，甚至不需要进行前期练习。再者，纳巴泰人周围的希腊化世界带来的文化影响也不容忽视，同样也要看到，那里有一种独立的文化在发挥作用，它不是对优秀文化的简单复制，而是巧妙地将其融为己有。然而，值得注意的是，纳巴泰人的发展速度远比他们的近邻快得多——与之有可比性的是更偏东一些地区的族群，他们在亚历山大东征以后迅速适应了改变后的环境，并且吸纳了文化上的影响。

与之相应，也可以从纳巴泰人的艺术和建筑上看出，自公元前 1 世纪以来，罗马在地中海东部地区的重要性与日俱增。他们的艺术家显然非常熟悉地中海东部地区同时代的艺术圈子。

纳巴泰人，尤其在佩特拉，最引人注目，同时也最值得关注的建筑是岩壁上的陵墓，在红色砂岩上凿刻而成的陵墓立面给人留下的印象深刻，有的偏向东方色彩，有的更具希腊化。它们原本涂有颜色，所以那个时候的外观很可能更加震撼人心，尽管用现代的眼光来看，色彩或许过于花哨。然而，今天谁若是去参观佩特拉，一点儿都不会感到惊讶，公元前 129 年，它被一位富有的市民理所当然地列入他那个时代必须游览的重要城市名单，与亚历山大齐名，此人来自于普里埃内，这座城市位于萨摩斯岛对面，坐落在今天的土耳其大陆上。这位热爱旅行的希腊人使用的是希腊语的名字[①]，这

[①] 这里指佩特拉（Petra），在希腊语中 Petra 是"岩石"的意思，旧约全书中称其为塞拉。——译者注

座城市正是以这个名字闻名至今。纳巴泰人自己则有可能称它为雷克姆（Requem），意思是"红色"或者"彩色"。

佩特拉坐落在山脚之下，周围是陡峭的砂岩山体，岩层呈现出各种各样深浅不一、明暗有致的红色和黄色，若是光线适宜，便会赋予这个叹为观止的景观一种如梦如幻的氛围。也许有人认为，只是周边美丽的环境让纳巴泰人选择在这个地方修建都城，但最重要的可能还是出于战略上的考虑。建都工程始于公元前3世纪，最初修建的是栈房，人们则继续居住在帐篷里。在定居下来的过程中，人们把这些建筑改用作固定的住所，或者在习惯搭建帐篷的地方又建起一栋石头房屋。纳巴泰人为他们的神祇和亡故者修建了庙宇和陵墓。佩特拉能够发展成一座璀璨的大都市，一个极其富有的阿拉伯经商民族引以为傲的金字招牌，其主要推动力始于公元前1世纪初，更准确地说，在纳巴泰国王奥博达一世（Obodas Ⅰ）执政期间，他的统治时间虽然不久，却成功地保护了他的人民免遭虎视眈眈的塞琉古王朝和哈斯摩尼王朝的荼害。研究人员认为，真正的建筑热潮最终出现在基督纪元前后，这股热潮必然把佩特拉变成了一个巨大的建筑工地，时间长达数年，甚至数十年。这座城市令人惊叹的遗迹不仅包括装饰华丽、规模宏大的房屋、庙宇以及陵墓，还有石头铺就的街道、水渠和堤坝。

纳巴泰人利用现有的条件和资源，根据他们的需求和想象展开设计。他们在山上开凿洞窟用作祭祀地或者陵墓，并且对入口的立面进行雕刻，因为他们知道，站得越高，距离神祇就越近，于是便在岩石上凿出无数的台阶，从而可以直通高原——除了宗教目的以外，也有战略上的意图。他们兴修了一套分布广阔的水渠系统，用于城市和农田的供水。还建造了私人住宅和公共建筑、水井和花园，剧院和柱廊——在这样的背景环境下，周边又是贫瘠的荒漠，他们创造了一个不可思议的整体艺术作品，一个宛如模型的岩石景观，他们就在其中生活劳作。可以想象，当某个纳巴泰人率领着商队从阿拉伯半岛南部出发，踏上漫长而辛苦的乳香之路，把货物运往加沙，途经自己民族的首都这片壮丽绿洲时，眼前的景象必然会让他满腔自豪。

通往佩特拉的道路格外震撼人心，它穿过西克峡谷，一条从东向西长达1.5公里的狭隘山谷，最窄处只有2米宽。沿着峡谷还有用石板覆盖的水道，用来为城市供给生活用水。饮用水则取自瓦迪穆萨（"摩西山谷"）的一处泉眼，利用黏土所砌的管道引入城中。"摩西山谷"这个名字源于圣经中的故事，据说以色列人出埃及后在荒漠中口渴难耐，这时摩西奉上帝的旨意，用手杖击打岩石，泉水随之喷涌而出。

佩特拉的居民必须解决荒漠地区典型的供水问题：冬天，洪水以惊人的速度在狭窄的山谷中夺路奔流，无法遏制且具有破坏性；漫长又酷热的夏天，却大面积缺水。纳巴泰心灵手巧的建筑师成功地驯服了冬天的洪水，将它们导流进大量的蓄水池，这样的话，湍流就不会危及城市了，而且有了这些注满水的蓄水池，佩特拉在漫长的旱季也可以自给自足了——由于人口不断增加，需求随之增长，水井和水池也越来越多，这座城市被誉为贫瘠荒漠中蔚为大观的壮丽绿洲，它们功不可没。

公元前1世纪的某个时候——或许还要晚许多，因为这座建筑准确的施工年代跟其用途一样，在研究领域都存在争议——红色的山岩上鬼斧神工般雕凿出了佩特拉最著名的建筑：所谓的卡兹尼神殿，或者法老宝库，它高高地耸立在一个广场之上，可以说现在是佩特拉这座对游客充满吸引力的城市的标志。然而，它从未被用作宝库，更不用说是某位法老的宝库。这个名字也与圣经以及以色列人出埃及的故事有关。传说是那位不想让以色列人出埃及的法老把他携带的财宝藏在了那里。但这座建筑也有可能是一处陵墓，尽管它设计得格外富丽堂皇：神殿的立面将希腊－希腊化风格与纳巴泰人的岩石艺术融为一体，凿刻有希腊神祇和纳巴泰神灵的雕像。凹进的入口处并排列着六根石柱，科林斯式柱头装饰华丽，石柱支撑着三角形的前檐，檐部上方又是石柱以及位于其间的圆形神殿，到处都装饰有雕像，可惜它们不是被恶意毁坏，就是被时光的齿轮悄悄地带走了。这座美轮美奂的建筑或许是纳巴泰的某位国王的墓穴，这座用于纪念国王的陵寝，有可能是为奥博达一世修建的，他的儿子因为崇尚希腊化时代的艺术，又被称作 Philhellenos，意思是"希腊爱好者"。与其他建筑一样，宝库还装饰有彩色的石膏花饰。显然，它是其他建筑的样本，那些建筑很容易看得出是仿造品，例如不幸遭到严重破坏的科林斯陵墓，或者现存状况要好很多的戴尔岩墓。后者位于城中心西北方的山岩上，但是只有立面的壁龛还会让人想到那里曾经存在过雕像。雕刻的人物形象原本可以说明这座建筑的用途，或许它是另一个敬奉被神化的纳巴泰国王奥博达一世的地方。那里原本有一个石柱林立的广场，可能等待着虔诚的人群谦恭地排成队列，沿着宽阔的大道从城中缓步走来。

　　城市的中心——位于摩西河流经的山谷中——是一条石头铺就的宽阔街道，道路两旁矗立着石柱。再往前不远处是佩特拉主神庙的废墟，它被称作法老女儿宫，是公元前1世纪的一座曾经极其壮观的独立建筑。20世纪50年代末，考古学家在此发掘出一只大理石雕刻的手，就此可以判断，该建筑的圣殿里曾供奉有一座高达6米，甚至更高的神像。

　　另一座具有代表性的建筑是所谓的大神庙，修建于公元1世纪，20世纪90年代起开始对它进行发掘。它有一个庞大的庭院结构，可

以直接从城市水渠系统供水,而且三面被建筑物环围,两条长边是三排列柱组成的柱廊,一条短边为大门建筑。另一条短边则是通往真正建筑的入口,需要向上攀登两段台阶才能进入。后来,在它的内部修建了一个可容纳600人的剧场。这座建筑的用途一直令人费解,可能是城市的会场,开阔的前庭是一个用于商业活动和非正式集会的公共广场,但一直以来,这些都是猜测。更令人费解的是后来修建于内部的剧场,它有可能被城市的议会用作会场,也可能用于艺术或宗教用途,此外还不清楚的是,剧场是否有屋顶。值得注意的是开阔前庭两侧三列式柱廊的柱头,上面雕刻有印度的大象。其灵感来源有可能是,自亚历山大大帝时代起大象便被用作了艺术主题——此后或许受希腊化的影响——不过也有可能是纳巴泰人跟印度人的贸易往来影响到了纳巴泰的雕刻家,促成了这些原创作品。

基督纪元前后,即国王亚哩达四世统治期间以及城市的鼎盛时期，佩特拉仿照希腊-罗马模式修建了一座可以容纳8000人的大型露天剧院，但显然保留了纳巴泰自己的风格。它依托一座小山而建，为了防止冬日洪水湍急的水流灌入状似茶托的观众席的底部，又沿这个扇形看台的上边缘修砌了收集槽，用它把水直接引入蓄水池。

不管这些有代表性的公共建筑或者上层人士的陵墓多么华丽壮观，佩特拉多达4万名居民中，大多数人的生活要简朴得多。也是由于这个原因，那些简陋的住房保存下来的非常少，不过考古学家可以追溯到它们原初的形态：先是开辟出一片平地，然后在上面搭建一个游牧帐篷。正如现在仍可以感受到的那样，这些帐篷同后来的石头房屋一样，建得杂乱无章，毫无秩序。远行的商队若是在佩特拉逗留几日，也会被安顿得妥妥当当，考古学家已经确认了供商队停驻的正规"驿站"：在佩特拉城外偏北的一个地方，骆驼能够休息并且找到食物，商队成员有石屋栖身，同样可以补给水和食物，此外他们还可以在那里履行宗教义务或者做生意。

最后一位国王拉贝尔二世（70—106年）统治期间，纳巴泰人在建筑风格上回归到他们的东方根性。或许是因为罗马对这一地区的影响越来越大，并且由此带来一定的经济压力，从而他们以此作为应对。这有可能导致纳巴泰人再次回溯过去，并且试图与他们快速崛起的那个时代建立起某种联系。虽然他们无法再成为游牧民，不过为了减少对商贸以及越来越多不可估量的事情的依赖，他们努力想实现经济上的自给自足，但是这一切未能阻止得了文化的没落。

最后就是皇帝图拉真，他在被任命为第一公民[①]之前，作为统

[①] 第一公民（princeps），又译"首席元老"或"元首"，为罗马皇帝从奥古斯都到戴克里先使用的官方头衔，因罗马帝国建立之初，以法理而言，国家主权仍属于元老院及罗马人民，罗马皇帝虽集权于一身，却并未被正式称为君主，这一阶段被称作元首制，皇帝由元老院授予"第一公民"的称号。——译者注

帅在罗马行省功勋卓著，公元106年，他将纳巴泰人的王国并入了罗马帝国。对图拉真来说，这种合并属于确保这个庞大帝国边境地区稳定和安全的一系列措施，在纳巴泰人之前，他已经把这些措施用到了定居于现在罗马尼亚的达契亚人身上。不过，后来对今天伊朗地区帕提亚人的征伐却没有那么成功。吞并纳巴泰王国，大概是在拉贝尔二世亡故之际临时决定的，而且可能并非像通常认为的那样悄无声息。显然肯定发生了战事，但罗马人准备得要比同时代的希腊人更好。纳巴泰人和帕提亚人之间的政治、经济关系很可能也是促使罗马人最终采取管制措施的原因，鉴于这些关系，在东征帕提亚人之前，先铲除有可能支持他们的人，似乎是明智之举。纳巴泰人的各个定居点因此都遭到了破坏，佩特拉城也未能幸免。

相当独立的纳巴泰王国就此成为了历史；罗马派驻了一位使节，并且将该地区划入阿拉比亚行省，其所辖包括西奈半岛和今天约旦的西部。就这样，距历史上第一次提到纳巴泰人四百余年以后，其短暂的文化繁荣令人遗憾地提前结束了，不过在很长一段时间里，仍然可以看出它的痕迹，但是品质要差了很多，也感受不到任何显而易见的新动力。因此不得不说，罗马帝国的这次吞并扼杀了一个独有的、充满魅力的文化。嗣后，该文化引以为傲的首都佩特拉因地震，尤其是公元363年那场大地震，遭到了极其严重的破坏。

就像其他古代遗址一样，佩特拉在19世纪初期被重新发现以后，迎来了好奇的欧洲旅行者，不过相对于东边的地中海沿岸，前往荒凉且对于欧洲人来说相对偏远的阿拉伯地区的文化求知者要少得多。随着20世纪的发展，人们对这座纳巴泰人的城市及其历史的科学兴趣日渐浓厚，20世纪20年代末起，开始对那里进行考古发掘。迄今为止，这座昔日占地面积20平方公里的城市，只有其中一小部分区域被考察研究过，因此还有许多有待发现的地方。要想更多地了解纳巴泰人的历史以及他们在这座城市里的生活，还需要大量的研究和知识的储备。但与此同时，现代旅游业也席卷了佩特拉，尤其是因为20世纪80年代末的一部名叫《夺宝奇兵》的探险电影在此取景拍摄，这让更多的人知道了佩特拉。每年都有多达100万游客来到这座城市，想要亲自参观一下雕凿于山岩之上受不同风格影响的陵墓，感受一下明暗深浅错落有致的红色和黄色砂岩山石营造出的特殊氛围，并且设身处地去想象，一个实现了富裕的游牧民族，如何在两千年前修建起一座蔚为壮观、巧夺天工的城市，并把它打造成水源充足的荒漠绿洲，他们又是如何在那里生活的。

四
斗兽场（意大利）

规模才是关键。如果皇帝、总统或者独裁者想要流芳百世，实现这一目标的最佳方法就是，修造不朽的宏伟建筑。虽说他们往往打着崇高目标和公共利益的旗号，但背后大多暗含着某种渴求，尤其是希望通过这些石头造物让自己永垂不朽。罗马的弗拉维圆形剧场自中世纪起，就以斗兽场这个更响亮的名字闻名于世，它是罗马圆形剧院中最大的一个，即使今天已然沦为废墟，但它仍是令人震撼的庞然大物。修建它的人也希望借此让自己留名后世，但斗兽场同样也是为了当时使用而建的：人民应该尽可能多地融入到表演区振奋人心的壮观场面中，对皇帝心生敬意，从而支持他的权力。罗马斗兽场在今天虽然是一座威严的建筑，但从用途上看，则是那种尤为粗陋的娱乐圣殿。

罗马从来不是一个像雅典那样的民主国家，但公民大会可能有一项重要内容，即公民投票。谁要想获得政治权力并且谋求要职，就需要得到民众的支持。元老院议员及其家族需要得到他们委托人（clientes）的支持，作为回报，也要跟他们达成一定妥协。这种相互依赖虽然不乏强烈的精神层面，但主要还是通过经济和物质

支持，把委托人笼络在自己身边。对于罗马的城市居民来说，自公元前2世纪晚期起，粮食一直是有优惠的，后来则免费分发粮食配给，在公元3世纪才变成面包。然而，绝非所有的罗马人都是这项规定的受益人，据估计，100万左右的城市居民中，最多有五分之一的人受益，此外，这只是一种补助，光靠它是不足以维持生活的。不过，面包和娱乐（panis et circenses）已成为了帝国时代罗马社会境况的代名词。比起面包分配，更多的原因在于，随着罗马城和罗马这个国家越来越重要，即帝国越来越大，庆祝活动的数量以及为此投入的开销也就越多。

"娱乐"一词包括各种各样的庆祝活动，与其他文化一样，这些活动每年都会举行，而且大多具有宗教特征，至少最初是这样的。为了证明这一点，后来总会有人引证说，它们早就属于罗马建城神话的一部分了：据说，马车比赛和骑马竞技是罗马城的建造者罗慕路斯引进的。从中又发展出了五花八门、或多或少带有娱乐性质的活动，从戏剧演出到动物厮斗，从运动表演到公开处决。然而，希腊的体育活动最初却一点儿都不受罗马人的欢迎：希腊的运动员通常是赤身裸体的，出于道德原因，罗马人完全无法欣赏。庆祝活动的数量历经几个世纪不断增加，尽管如此，仍需要注意的是，罗马并没有常年举行的节日，而是有一个节庆日历，上面拟定了各个持续多日的庆祝活动，其中总会有奢靡的马车比赛。与粮食补贴的情况类似，娱乐活动留给后世的也是一幅扭曲了实际情况并且过度夸张的图景。不过，大部分罗马人都是这些娱乐活动的热情观众，这点却是毋庸置疑的。

  不同类型的娱乐活动需要不同形式的建筑：戏剧上演于剧场，它们跟希腊的剧场一样，有一个半圆形的观众席，把舞台围在中央。用于马车比赛的是长形的竞技场，观众看台位于两侧；体育比赛在最多200米长的体育场里举行；用于角斗和其他观赏性活动的则是圆形剧场，它们椭圆形的比赛场地四周都有看台。在罗马，举行这些活动的主要地点不是位于城墙外的练兵场，就是帕拉蒂尼山南侧的马克西姆斯竞技场，据说最早的马车比赛就是在那里进行的。历经多次扩建和改建，马克西姆斯竞技场最终可以容纳大约25万名观众。

  因为罗马元老院禁止使用石头修筑建筑，所以在很长一段时间里，罗马只有木建筑，举行完活动就会把它们拆除。最早的石砌剧场是凯撒的政敌将军庞培命人建造的。为了规避禁止石砌建筑的法令，他们干脆把它跟一座神庙融合为一体，并且宣称整体是宗教建筑。此外，这也是第一次在没有斜坡的开阔地带修建这类建筑，因为有了新型混凝土，修建看台这种高层建筑就无须再依赖天然条件了。这座剧场因而成为了比它规模大得多的罗马斗兽场效仿的典范。

四　斗兽场（意大利）

角斗最初并不属于公开的娱乐活动。它可以追溯到古老的殡葬仪式，出于对逝者的敬重，持有武器的男子会在葬礼上互相搏斗厮杀，直至流血，或许是为了让逝者归于安然。有史料记载的第一次角斗发生在公元前3世纪中期的古罗马广场，但是其起源要更早，有可能始于伊特鲁里亚人。原本以哀悼为由，后面逐渐变成了平民化的宣传活动，以群情激奋的娱乐为自我目的，同时代者便已对此提出了言辞极其激烈的批评。倨傲的文化捍卫者必定会斥责罗马人民，脑子里除了面包和娱乐，别无他物。与此同时，一个人数高达百万之巨的行业也随之兴起，它要存在下来，就得将角斗比赛筹办得越来越奢华，越来越吸睛，才可以吸引越来越多的观众。从今天的角度来看，为大众娱乐而表演残酷血腥的屠杀和追猎动物，实在是骇人听闻。不过，即便在现代媒体社会，人类对感官刺激的追求也在各个方面得到了满足，并且为数十亿人的经济行业提供了收入来源。

角斗表演越受民众欢迎，对角斗士的崇拜也就越夸张，类似于现代的色情明星，这些角斗士大多给自己起了一个响亮的花名。对角斗士来说，人气是至关生死的，因此，不要在这一点上指责他们。单单因为职业名称，角斗士的身份就有了某种情色暗示，因为除了剑[①]，它也会让人联想到充满荷尔蒙的男性特征。在古代的编年史中记载了许多丑闻，所涉包括：跟所青睐的角斗士一起被烧死的身份尊贵的女人，为偶像化程度不亚于现代明星的某位著名角斗士成立的名副其实的粉丝俱乐部，以及康茂德或卡利古拉等好大喜功的皇帝。康茂德亲自走上斗兽场的表演区进行角斗，卡利古拉则嫉

---

① Gladiator，源于拉丁语的 Gladius（罗马短剑），原意为使用罗马短剑的男人。——译者注

妒一位人人仰慕的角斗士，因为他不仅有较高的声誉，而且相貌英俊，卡利古拉命人秘密杀死了这位受欢迎的明星。此人名叫埃西乌斯·普罗库鲁斯，绰号为斗兽场的厄洛斯①，是他那个时代的偶像。

但有史以来最著名的角斗士是一位名叫斯巴达克的色雷斯人。他是传奇的斯巴达克起义的领袖，第一次世界大战中的德国马克思主义组织、斯巴达克团和随后成立的一些无产阶级运动协会，都以他的名字命名。后来，社会主义国家举行的青年运动会，也取名为斯巴达克运动会。原因在于，斯巴达克起义被认为是古代奴隶社会最重要的反抗事件，因此斯巴达克被认为是现代阶级斗争的先驱。这次起义始于公元前73年卡普亚的一所角斗学校，与其他角斗学校一样，这里也因训练粗暴残忍而臭名昭著。由于其他奴隶的大规模加入，起义扩大成第三次奴隶战争，并且在战争初期沉重地打击了罗马军队。只是随着兵员激增，斯巴达克跟他的队伍在意大利南部被彻底击败。

角斗士并非踏上斗兽场的表演区就命悬生死线，他们中有很多人活跃了很久，甚至自然死亡。角斗士在经历了总是被描述得极其严酷的基础训练以后，开始他们的职业生涯前，需先许下契约式誓言，该誓言虽然没有流传于世，但大致内容是可以知道的：角斗士必须绝对服从强加于他们身上的一切。此外，契约有时效限制，谁若在契约结束时仍然活着，就可以不再参加角斗比赛，并且可以获得自由。与其他奴隶或者罪犯相比，在角斗中被杀死的角斗士至少会被比较体面地安葬。

对出资者来说，角斗比赛的规模越大，被宠坏的观众要求就越高，举办这些可以带来声誉的活动，花费也就越多。凯撒只是其

---

① 厄洛斯（Eros），在希腊神话中是司"性爱"的原始神。——译者注

中最著名的一个，他为了让罗马人开心，同时也为了取悦他们，曾经为此挥金如土。"不要小打小闹，放开手脚办大事"，正是当时的口号。这位后来的独裁者终其一生都很幸运，想做什么都能如愿以偿：为了纪念已经去世二十年的父亲，他在公元前65年出钱举办了角斗比赛，这场比赛引起了极大的轰动，并且令其声名远扬。与其他政治野心家一样，他为了成就自己的事业，不惜债台高筑。他相信，只要把钱投到正确的地方就能收回来。后来作为独裁官，他用慷慨的礼物和持续了数周、史无前例的娱乐活动宠溺着他的臣民：公元前46年，一千多头异域的动物被带到罗马用于娱乐，其中包括几十头大象、一头犀牛和罗马人从未见过的长颈鹿。值此之际，凯撒还举行了最早的海上表演战，一次海战角斗（naumachia）：数千名桨手和士兵被征召上阵，其间群情激奋，人潮汹涌，以至于不仅仅有大量参与海战的人按计划被杀死，而且还有一些观众遭挤压致死。民众为这次盛况感谢这位独裁官，而他的政敌则嫉妒他的成功，害怕他权力过大。公元前44年3月15日，在古罗马元老院的一次会议期间，独裁官凯撒被谋杀，地点恰恰是他的对手庞培修建的剧场。虽然他跟其他高级政治家一样，从角斗士当中挑选精英组建了护卫队，甚至还供养了一所自己的角斗学校，但在当时，这些护卫并没有派上用场。

在接下来的帝国时期，统治者们还是会定期举行一些声势浩大的活动来笼络民众，其中最受欢迎的就有角斗比赛。奥古斯都推动的各色各样的建筑活动也包括娱乐活动的举办场所，为此他甚至比他的前任、亦是他的舅公凯撒耗资更为巨大。奥古斯都本人非常满意地看到，仅仅他招募的五个角斗士团就有一万人参赛，这个无比傲人的记录保持了一段时间。不过他也限制以竞选为目的举办比赛，并且为角斗士引入了恩赦规定：从那以后，如果看台上的观众要求，皇帝也同意的话，败落的角斗士可以保住性命。

因娱乐而闻名的还有卡利古拉和尼禄，据说卡利古拉曾经自己作为角斗士披挂上阵，尼禄则命人在练兵场修建了迄今为止最大的木结构圆形剧场，但是，它跟罗马城大部分地区一起，成了公元64年那场大火的牺牲品。执政时期在这二人之间的克劳狄乌斯则理性得多，尽管他知道有负于罗马人，还是要频繁地举办娱乐活动，增加活动数量，或许他从他的叔叔那里吸取了教训——提比略不爱交际，让罗马人感觉受到了冷落，从而其执政不受欢迎。继尼禄之后，最终由罗马弗拉维王朝的第一位皇帝韦帕芗即位，他将斗兽场赠予了罗马人民。

提图斯·弗拉维乌斯·维斯帕西安努斯[①]不是贵族，他是经过罗马军职和公职的长期历练，耐心且低调地晋升起来的。公元69年，他被提拔为第一公民，此前一年之内，尼禄被废黜并自杀，短暂的罗马内战让三位继承者很快相继毙命。韦帕芗施政稳扎稳打，深思熟虑，不大张旗鼓，即便有时候会表现得有些强硬。因为他在世时出了名的吝啬，（在征收厕所税以后，他说了句名言，钱不会发臭。）所以他一点儿都不像是世界上最大的圆形剧场的建造者。

修建剧场的钱来自于犹太省，它位于今天约旦河西岸以色列的领地。通过建筑上的一处古代铭文，现在仍可以知道，犹太战争（66—70年）的战利品被用于修建这座斗兽场。韦帕芗曾经在那里镇压过犹太人的武装反叛；在韦帕芗奔赴罗马继承王位以后，他的儿子提图斯击溃了叛军，围攻并征服了耶路撒冷，最后又毁掉圣殿，抢走了圣殿的珍宝。当时罗马有一个习俗，凯旋的将领会让民

---

① Titus Flavius Vespasianus，史学家通称为提图斯，韦帕芗之子，弗拉维王朝第二位皇帝。他出生时，弗拉维家族仍属罗马的骑士阶层。——译者注

众跟他们一起分享战利品，要么直接捐赠，要么出资举办奢华的娱乐活动，又或者兴修建筑。

促使韦帕芗下定决心修建罗马斗兽场的，可能还有此前发生的多次灾祸，倒塌的木头建筑造成了大量人员伤亡。这些灾祸中最严重的一次发生在罗马城外：一座用木头修建的巨大的私人圆形剧场，因豆腐渣工程出现坍塌，据说致使数万人被埋在了下面。更重要的原因是，在尼禄统治期间，一场火灾将罗马城大面积烧毁，它遗留下的痕迹还没有彻底清除。此外，重建罗马时，尼禄为自己修建了一座非常壮观的宫殿，附带的花园绿地占地面积非常广阔，现在韦帕芗把它交还给了民众。在这片地区的沼泽地上，尼禄曾命人修了一个湖，又名弗拉维圆形剧场的斗兽场就建在那里，因而位于城市的中心。

斗兽场建得如此宏伟壮观，并且在技术上投入巨大努力，可以解释为如下事实，即角斗比赛在此期间已经有了比较悠久的传统，于是对举办比赛的要求也大大提高，韦帕芗和他的规划设计人员考虑到了这一点。要修建的不仅是最大的圆形剧场，而且也应该是最现代的、考虑最周全的。它做到了，而且做得更多。

斗兽场修建得确实规模宏大，其技术设计也得到了同时代人的赞誉：这座椭圆形建筑长188米，宽156米，围墙原本有大约50米高，占地面积近3400平方米，可容纳5万名观众。不过因为需要有同时代的数据解释，所以最后这个数字虽然被绝大部分人接受，但仍存在争议。总共使用了100万块砖，10万吨石灰华，25万立方混凝土，10万立方石灰以及300吨铁和无数的木头。同今天那些赫赫有名、能够快速竣工的大型项目一样，政府会慷慨地为它们的修建者颁发特许批文，以便能够夜以继日地工作。

由于建在沼泽地基之上，所以斗兽场的设计是技术上的壮举。

一座巨大的建筑首先得有一个坚实的地基——在这个地方，不是一项容易攻克的任务。设计还包括一个大面积的灌溉和排水系统，它修建于铺石路面以下，从外部环围着这座建筑，将收集到的水排入水道，供给至系统中的大量水井。

　　施工的第一阶段，要进行地基排水，并浇筑上厚厚的一层混凝土。出于稳定性的原因，斗兽场内部区域纵向铺设了一组地道系统，上方再加盖木板，铺成表演区的地面。可以用升降装置将道具或者动物从地道里运送上来——闪亮登场，这时肯定能听到观众的惊叹声和欢呼声。表演区四面全都建有观众看台，它类似于骨架结构紧依结实的石灰华墩柱而建。这使得可以在内部修建多层观众座席。

　　若是在韦帕芗治下举行落成典礼，斗兽场可能只有三层，提图斯即位后正式开始盛大的演出时，它最终建成了四层，而且至今依然可以识别得出。环形拱廊围建成一周，令这座坚实雄伟的建筑平添几分生动，并且可以让光线照进走廊。下面三层各层都由石柱支撑，从下到上分别是多立克柱式、爱奥尼亚柱式和科林斯柱式。最上面一层只有矩形窗户。80个入口都编有号码，它们会引导观众穿过辐射形设计，并且为了区分而涂成不同颜色的过道，在最短的时间里找到自己的座位。活动结束后，同样可以快速清空剧场。不仅在建筑上，设计规划者在后勤保障方面也做足了功课。诸多入口中，比较宽的一个供皇帝及其扈从使用，一个留给官员，还有两个为角斗士专用。这两个入口中，西侧那个被称作凯旋门，因为角斗士要穿过它进入表演区。对面则是所谓的死亡之门，角斗士要从那里出去，不过也可能只为那些落败的角斗士而设，即被人抓着脚拖出去。

　　大部分免费的演出都有席位票，不仅是为了保障观众出入通畅，而且也为了遵循社会分层。因为观众座席严格按照等级尊卑进行了划分：斗兽场的五个观众区可以说是罗马社会制度的体现，甚至在观众区的内部，士兵跟平民以及其他人也要分开而坐。如果没有完全禁止女子观看演出，有些演出会有这类规定，她们就得乖乖坐在第四区。

贵宾席是由白色大理石搭建的平台，那里有舒适的扶手椅，高贵的观众可以享受最好的视野。就像今天的VIP包厢，专属观众有自己的更衣室和卫生间。等级第二高的是骑士，他们坐在同样由大理石建成的第二区，数量较多的市民在更高一层的第三区，这一区是用石灰华所建。普通民众则挤在最顶层的简陋木凳上。不管什么情况，最好都带上个软垫，主要因为活动通常会安排一整天。同样在最顶层，工作者人数多达千人的水兵，他们负责操控遮阳帆篷，用它可以在酷热的夏季为观众遮阳避暑。在斗兽场的广告信息中，也特意提到了遮护用的帆篷。据说纯粹因为暴虐成瘾，卡利古拉有时会在天气炎热的时候禁止撑开遮阳帆篷，并且命人关闭入口，以此来折磨聚集在一起的观众。

研究人员争议不休的是，这个巨大的遮阳帆篷究竟是如何工作的，会不会是由大量的帆篷组合而成——相关信息和考古启示实在是太少了。无论怎样，专业地操控它需要有经验的水兵，还专为他们在斗兽场旁边修建了一个单独的营房。

此外，还有一个问题尚未得到解答，而且争论也很激烈，即罗马斗兽场内是否也举行海战角斗——另一项深受罗马观众青睐的表演。很显然，这座巨大的建筑从一开始也为此做了规划设计，然而没有确凿的信息和暗示。

皇帝韦帕芗没能看到这座巨大建筑的竣工，在他的儿子提图斯短暂的统治期间，除了可怕的维苏威火山喷发以外，它的落成也是一个高光事件。此外，提图斯还命人在这座圆形剧场的后面修建了公共浴场。为了庆祝这座新建筑和其他场所的竣工，演出活动持续长达100天，此前从未有过如此多的角斗士和动物搏斗致死。为了助兴，还非常精彩地演绎了神话传说中诸神的故事。

不过，到了提图斯的弟弟及继承人图密善登基以后，斗兽场才彻底完工。此人不仅规定，以后女子也可以参与决斗表演，而且还将举办角斗士比赛变成了皇帝垄断的特权。

他的继任者们也都费尽心思，利用斗兽场来取悦民众，但是民众的情绪似乎也是一个暗示性的因素，可以促使皇帝满足他们的要求或者让不受欢迎的政治家下台。

斗兽场里举行的全天演出，都以野兽和异域动物的表演开始，那些异域动物都是罗马军队军事远征时带回来的。这种表演是非常残忍的事情，动物们要被追捕或者野蛮屠杀。更有甚者，各种各样的处决同样以娱乐为目的上演。其中最臭名昭著的是兽刑处决（damnatio ad bestias），即将受刑之人扔给野兽供其捕食。最著名的是处决被迫害的基督徒，他们必须在表演区跟饥饿的猛兽搏斗抗争，因为他们不愿发誓放弃他们所信仰的唯一的神、并非罗马的神，拒绝向皇帝表达应予的崇敬。时至今日，那些被杀害的基督徒仍被尊为殉道者。

这些处决都在午休期间进行，以消遣取乐为目的，随后在下午进行的是角斗比赛，也是全天的高潮，观众们无不群情激昂，而且这些观众绝不仅仅是普通民众。角斗比赛是按照此前就周知的程序进行的，这样就可以进行投注，并且通过一些小规模的演出，让众所期盼的高潮更加充满戏剧效果。高潮自然是两个特别著名的角斗士之间的决斗，观看时，观众们往往从座位上站起来。生死攸关的时刻到了：不仅有败者战斗到死，而且即便没有战死，只要认输也得面对死亡，这又额外增添了紧张气氛，而且观众也会参与进来。

这时，败者会举起左手的食指，或者放下他的盾牌示意认输。随即便会响起号声，向所有人宣告，那个男人在恳求众人大发慈悲。裁决虽由裁判正式做出，但是在场的观众会大声地表达他们的意见。大多时候，起决定作用的是大众的喜爱。如果某位角斗士很有名，并且深受欢迎，或者在决斗中表现得比较英勇，生存下来的机会就会比较大。如果大批的人向下竖起大拇指，失败者就无法得到赦免。不过，接下来的致命一击总会又快又准。获胜的角斗士则会由皇帝亲自递上一枝橄榄枝，他们可以绕场一周接受观众的欢呼，然后在观众们震耳欲聋的数数声中领取奖金。

当罗马帝国进入它最后的阶段时，角斗比赛的伟大时代也随之终结：公元404年，皇帝霍诺里乌斯正式禁止角斗比赛。在此之前，罗马斗兽场也饱经考验：火灾、雷击和地震，其中包括262年那场大地震。先是有人偷取各种设施，后来这座宏伟的建筑变成了采石场。最后有人搬了进去，从此以后，表演区内成了做生意的场地，过道里安设了马厩。一次次的地震啃食着建筑结构，整个中世纪，这座曾经引以为傲的建筑被越来越多地拆作他用。对此，人们几乎没有采取任何应对措施，尽管多次规划，为在那里赴死的基督教殉道者修建纪念场所或者教堂，却屡屡石沉大海。更加糟糕的是，15世纪中叶，教会甚至用那里的石头煅烧石灰，修建圣彼得大教堂，只有北侧的立面得到了保护。虽然人们逐渐意识到，必须保护斗兽场，但是防止私挖滥采的措施却毫无诚意，恶劣的行径仍在继续。即便如此，自文艺复兴时期以来，许多艺术家和诗人都参观过这座建筑，将其描写和描绘为古罗马建筑的明证。

全面关注古希腊罗马时期的城市历史，始于19世纪初拿破仑占领时期，并且伴随19世纪末意大利复兴运动晚期发展起来，主要原因在于，在此期间考古学也同步日渐成熟。后来，墨索里尼统治下的法西斯意大利，把这座建筑用于大型政治宣传活动，同时，因采纳了敷衍草率的施工措施，又对它造成了损坏。第二次世界大战以后，汹涌的罗马车流围着斗兽场呼啸奔腾了数十载，自20世纪80年代起，这座建筑才得到了更好的保护和保养，并且成为游客必游之地，他们脑海里充满了好莱坞影片的画面，想要亲自一睹罗马决斗比赛的著名发生地。除了20世纪60年代的剑履片①，影响至深的主要是雷德利·斯科特于2000年拍摄的电影《角斗士》，罗素·克劳在里面扮演了罗马帝国的将军马克西姆斯，此人曾是皇帝马可·奥勒留心目当中理想的继承人，但他后来被俘虏，并且被卖到了角斗士学校。这位久负盛名的观众宠儿最终在斗兽场里跟他的敌人，弑父并篡夺了皇位的康茂德一决雌雄。在决斗中，马克西姆斯终令诡计多端的皇帝为其弑父行径血债血偿，不过随后他自己也因为受伤，死在了斗兽场的表演区。借助于计算机动画技术，无论是外观，还是万头攒动的大型角斗现场，弗拉维圆形剧场都得以再现，虽然并非完全符合历史，但看上去极其可信，似乎当时的古罗马可能就是这个样子。因为对好莱坞而言，宏大远比古罗马更为重要。

---

① 剑履片，史诗片的一种亚类型，剑履代指古罗马的着装风格，这种类型的影片于二十世纪五六十年代兴起于意大利，其内容多取自古希腊、古罗马神话或圣经故事，场景宏大华丽，多讲述古代英雄的冒险奇遇。——译者注

五

圣索菲亚大教堂（土耳其）

　　大致上看，人类或许可以分为三类：第一类人认为一切跟宗教相关的东西都是荒谬的，并且拒绝接受；第二类人把宗教看作纯粹的私人事务，希望看到它们跟社会、政治和国家事务泾渭分明；第三类人把宗教本身当成一种政治世界观，它可以或者甚而必须渗透到生活的各个方面。第一个群体相对年轻，因为只有对人类的存在有了其他解释，才能够没有宗教地生活。第二个群体所处的年代稍久远一些，形成于西方启蒙运动的影响之下，对于基督教被认定为生活各个领域的主宰，启蒙运动给予了彻底的抨击。第三个群体是最古老的，即便今天，他们依然还会受到欢迎，而且往往会被利用。

　　在一片混沌的史前时代，从蒙昧中诞生了最早的人类历史成就，作为其中之一的宗教迅速取得社会和政治上的重要地位，随着名曰社会的人类共处于中层级的分化越多，它的重要性就越强。属于某一社会的前提是，跟其他人享有共同的宗教世界观，有着统一宗教信仰的国家便由此而出现。显而易见，宗教和权力很快就达成一种至少有矛盾的联盟。在罗马帝国，发展情况也是如此。

在很长一段时间里,那里的宗教信仰相当宽松。只要神祇对形式正确的祭拜活动感到满意,罗马至高无上的地位和相应的国家崇拜没有受到质疑,人人都可以按照自己的宗教方式享有极乐。然而对于一神论宗教,接受这一点是很难的。拿撒勒的耶稣被处死,就是因为他出于信仰的原因拒绝效忠罗马皇帝。这种基督徒的普遍主张,后来导致了罗马对基督徒施行了可怕的迫害,因为它长期以来都把这个新兴宗教视作一个执拗的异端教派。

这种情况在公元4世纪发生了改变,基督教逐步度过了遭受迫害、获得宽容以及最终受到偏爱的阶段,上升为罗马的国教。由此,在西方就形成了皇帝的世俗权力同教皇对领导权的宗教主张之间的二元对立,这对中世纪的西欧产生了深刻影响,并且一再给它带来震动。

君士坦丁堡建成的那个世纪末,基督教成为了罗马国教。今天

五 圣索菲亚大教堂(土耳其)

的伊斯坦布尔位于欧洲和亚洲的交界处，因此从一开始就具备了文化桥梁的功能，公元前7世纪起，它一直是希腊的商贸城市，名为拜占庭，但是在公元324—330年间，出生于今天的塞尔维亚的罗马皇帝君士坦丁一世在那里建立了他的城市君士坦丁堡，这时，原来的城市遭到严重的破坏。然而，在他有生之年，那里发生的事情并不多，这座城市的布局和规模，就算在当地，现在也无法感受得到了。君士坦丁是第一位大力推崇基督教的皇帝，尽管当时它还没有成为国教：名为君士坦丁堡的"新罗马"有一根石柱，它把城市的建立者塑造为罗马的太阳神，但在柱基里保存着基督教的圣人遗物，这形象地说明，在世界观方面正发生变化。君士坦丁堡的第一座索菲亚教堂是由君士坦丁开始修建的，但是竣工于他的儿子君士坦丁二世统治期间，除了教堂以外，这座城市很快还建成了富丽堂皇的广场和建筑，一个由渡槽引水的供水系统以及一座坚固的堡垒，直到公元1204年，这座堡垒才第一次被攻克——确切地说，被天主教的十字军攻克。以前异教的庙宇会服务于如今信仰基督教的皇帝，与之相同，教堂也绝不仅仅用于颂扬上帝，而且同样要彰显皇帝的权力，展示他们接近于神格，表明他们是神选之子。

由于军事压力和边境地区的移民压力，罗马帝国日渐衰弱，但仍被视为一个整体，为了拯救这个庞大的帝国，它逐步实现了分裂，该过程一直持续到公元4世纪末，此后，君士坦丁堡成了罗马帝国东半部的首都：第二个罗马或者东罗马。罗马帝国的西半部正处于民族迁徙引发的动荡之中，受到严重冲击，东半部的局势则要安定很多。不久，君士坦丁堡的人口数量就超过了同时期的大都市罗马和亚历山大：据估计在公元6世纪的上半叶，那里生活着37.5万人。尽管如此，不满和贪欲仍在滋长，532年，反对皇帝及其独裁统治的尼卡起义差点让查士丁尼一世丢掉了王位，幸亏他受到妻子狄奥多拉坚强意志的影响,坚持了下去,大力镇压反对派,并且处死了暂时的篡位者。发生骚乱以后,大火让君士坦丁堡变得满目疮痍。大量房屋被毁,其中包括许多教堂,这促使皇帝查士丁尼立刻启动大规模的建筑工程——最重要的就是建造了圣索菲亚大教堂①,即圣智大教堂。

跟君士坦丁大帝一样,皇帝查士丁尼一世出生于塞尔维亚的南部。他打算建立一个世界帝国,虽然不会囊括古罗马帝国的所有区域,但仍将主宰地中海地区,不过这一计划失败了。尽管如此,查士丁尼仍被视作古希腊罗马时代晚期最重要的统治者之一——不仅因为他在君士坦丁堡和这个帝国的许多地区大规模兴修建筑,而且也因为他还为东罗马帝国,即拜占庭帝国奠定了基础:外靠军事防御,内靠国家及司法改革。罗马日渐衰落,君士坦丁堡作为拜占庭帝国的首都却将罗马帝国的国家遗产、希腊的文化遗产和基督教的宗教遗产集于一身,在很长一段时间里,这应该都是一个强大的联盟:不管是对斯拉夫人进行基督教化,还是抵御伊斯兰教的渗透。罗马帝国东半部地区认为自己是古罗马的合法继承者,它的居民也称自己为罗马人(Rhomoi),东罗马帝国或者拜占庭帝国这两个名称的出现要晚得多。

在查士丁尼统治时期,即公元532—537年间,令人震撼的圣索菲亚圆顶大教堂建造于城市的最高处,从此以后,它成为了东方基督教的中心。在长达一千年的时间里,它都是整个基督教界最大的教堂,直到罗马的圣彼得大教堂建成。此外,再加上后来被毁的皇宫,庞大的赛马场以及其他代表性建筑,这座城市逐渐发展成真

---

① 圣索菲亚大教堂(Hagia Sophia),也译作哈吉亚·索菲亚大教堂,Hagia Sophia在希腊语中是"圣智"的意思,故又名圣智大教堂。——译者注

正的大都市。

不管是为了重建统一的帝国,还是对于并非只在君士坦丁堡进行的建筑工程,查士丁尼肯定为他的这些规划投入了大量资金。这些支出——不仅仅,但也包括用于圣索菲亚大教堂——极其巨大。据说,为了这座以建筑形式颂扬圣智(圣索菲亚)的大教堂,查士丁尼耗费了145吨黄金。若是没有在其他方面节缩开支以及采取既明智又严格的财政政策,这是不可能的事情。此外,还有赖皇帝令人钦佩的勤政,他必定是个名副其实的工作狂,还能抽出时间撰写神学文章。

从最新的艺术史角度来看,圣索菲亚大教堂曾被称作"世界建筑中最天才并且最完美的空间创作"之一。不过这座教堂建筑很早就得到盛赞了,例如公元8世纪,耶路撒冷的科斯马斯就希望能够看到它被列入古代世界奇迹之中。毋庸置疑,圣索菲亚大教堂是一座无法超越的建筑——在神化方面,它与修建它的皇帝查士丁尼一样无与伦比,独一无二。关于教堂的修建,有一个独有的传说,故事将施工过程描绘为圣人显灵的具体例证,教堂的名字也可追溯到这个传说:在教堂的建筑工地上,当工人们吃早餐并且稍事休息时,工头未成年的儿子坐在脚手架上,帮着照看工地。一个天使出现在男孩面前,以圣智之名敦促他立刻去把工人叫回来,尽快建成这座建筑,用于敬拜上帝。天使接替男孩,看守工地。查士丁尼听说了这件事情:男孩被赠以厚礼,但是得迁居基克拉泽斯岛,这样的话,天使就会永远替他守护教堂了——于是,皇帝将教堂命名为圣索菲亚。据说第一次进入完工的教堂时,他高声喊道:"所罗门啊,我已经超越了你!"希望以此可以令这座教堂凌驾于传说中耶路撒冷的所罗门神殿之上。

在建筑造型方面,圣索菲亚大教堂将古典的长方形教堂建筑,也就是基督教的礼拜堂常见的样子，与仿照罗马陵墓建筑修造的一座中央建筑巧妙地融合在一起。这不是什么新鲜事儿，但在君士坦丁堡，它被赋予一种既恢宏壮观又精妙绝伦的形式——这座无与伦比的新建筑将这些元素以独特的方式组合在一起。这座圆顶大教堂的主要标志是巨大的中央穹顶，它被六个高低不同的半穹顶围在中间。令人印象深刻的主穹顶最高点约有 56 米高，直径将近 32 米。这座圆顶建筑的特别之处是它所采用的静力学方法：因为尽管有大量的柱子，穹顶的内部只依靠其中四根支撑，参观礼拜堂的游客若是仰望上空，它就像一个超大的华盖悬浮在这个巨大的中央空间之上。重量在穹顶外部进行分配和转移：通过较低的那几个侧穹顶以及侧廊上方的横梁。与之相应，内部明显倾向于采用建筑表皮。尽管有各种建筑上的预防措施，这座建筑，特别是或许建得过于匆忙的主穹顶，并没有显示出抗震性，因为第一个主穹顶在公元 558 年就坍塌了，而一年前发生过一场严重的地震，它比今天的穹顶要低几米，此后的几百年间，由于其他地震，礼拜堂一再遭到损毁。

在建筑的内部，除了巨大的穹顶，同样令人震撼的还有无数的柱子以及内部装饰的材料：各色大理石和红色斑岩、拱顶上艺术感极强的马赛克、黄金和白银，这些材料不仅昂贵，而且用量极大，在使用时全都经过精心设计，令人印象深刻。日光如计划中的一样，透过特定位置的窗户洒进室内，从而达到特定效果，可惜后来做出的一些改动，影响了这部分功能的效果。建筑师们极尽所能，把光线用作了司礼官。采光是这样设计的，由下往上光线越来越多，从而可以充分发挥穹顶的效果；此外，穹顶内部所用的材料也要用于辅助照明，因而对于恭顺的观看者来说，高高在上的光线宛如超脱凡世。晚上和夜间，人造光的效果绝不亚于自然光——博斯普鲁斯海峡或者马尔马拉海上的船只还可以把教堂当作灯塔。一位同时代的编年史作者甚至认为,穹顶就像悬挂在空中的一根金绳之上,遮盖着这个空间——仿佛上帝将光抛洒到了他的造物之上,以示它的完美无瑕。信徒会感觉自己是这个造物微不足道的一部分,并且为之惊叹不已。皇帝在他的皇家祈祷室里同样有这样的感受——并没有作为谦恭大众中的一分子,而是与他们分隔两处。

这座宏伟的礼拜堂被用作东罗马帝国的主教堂,因而举行盛大的节庆弥撒时,皇帝也会出席,它也由此倍增荣光。节庆的时候,浩浩荡荡的队列从附近的皇宫来到教堂,此外,自641年起,圣索菲亚大教堂也是皇帝加冕的教堂。九个大门中有三个是留给皇帝及其扈从的,它们直接通往教堂的中心区,也就是皇家祈祷室。皇帝的楼厢位于中心祭坛的对面。圣索菲亚大教堂并没有用作皇帝的墓地,这更加强化了它的宗教意义,而非削弱。正因如此,那里保藏了珍贵的圣人遗物,其中包括——据传说所言——挪亚方舟的房门、耶利哥的号角、基督的十字架、一个用于灼烤殉教者的烤火架,以及其他著名的圣物。

对于查士丁尼的继任者们来说,日子就没那么好过了,因为斯拉夫人,尤其是阿拉伯人一再进犯,并且夺取了东罗马帝国边境的重要地区,就连君士坦丁堡也多次遭到阿拉伯人的围攻。即便是拜占庭帝国巩固统治的两个阶段,即马其顿王朝在公元9和10世纪的时候,以及公元13世纪时的巴列奥略王朝,都未能阻止帝国的没落。崛起的奥斯曼帝国的扩张欲望太过强烈,而内部的凝聚力又着实太弱了。1054年的东西教会大分裂并没有起到太大的作用,从那以后至今,教会便分裂成说拉丁语的西部教派(天主教)和正统的东部教派(东正教),领袖分别在罗马和君士坦丁堡:前者为教皇,后者为牧首。君士坦丁堡的牧首和教皇的使节对于有争议的问题无法取得一致,于是互相开除对方教籍。在这之前是一段长时间的疏离过程，不管在宗教上，还是在政治上，这种疏离不断加剧，尽管其间有稍许和解，但至今仍影响着罗马天主教和东正教之间的关系。东正教牧首的驻地即圣索菲亚大教堂，由于面临生存危机，君士坦丁堡方面向西方的弟兄姐妹百般恳求并且做出各种宗教上的让步，尽管如此，对方在公元14世纪末匈牙利联合勃艮第的远征失败后，并未再次向他们伸出援手。当君士坦丁堡沦陷以后，西方基督教界才开始害怕——最迟也就是1529年，苏莱曼大帝率领大军已经兵临维也纳城，正是在他的统治下，奥斯曼帝国的疆域达到了最大。

奥斯曼帝国最早对欧洲大陆发起征服战——受益于拜占庭的内乱——是在14世纪中叶。一百年以后，君士坦丁堡沦陷，此时曾经强大的东罗马帝国实际上只剩下了这座城市。整个拉丁欧洲[①]，只有少数热那亚人前来援助，但是面对号称20万大军的围攻者，无异于杯水车薪。1453年，即将被奥斯曼人占领之时，民众最后一次聚集在圣索菲亚大教堂，此后，这座东正教最重要的礼拜堂变成了奥斯曼帝国最重要的清真寺。拜占庭帝国最后一位皇帝君士坦丁十一世命人敲响圣索菲亚大教堂的九口大钟，发动了冲锋，然后在激烈的战斗中阵亡。入侵的士兵打断了天主教徒和东正教徒共同参加的普世基督教礼拜仪式，这应该是最后一次基督教的弥撒。同一天，得胜的苏丹穆罕默德二世进入城中，仔细参观了这座建筑，对极具艺术性的建筑和设计赞叹不已。不过由于教堂现状非常糟糕，附近的皇宫已沦为废墟，他同时又谦卑地反思起世俗权力的短暂性，某位宫廷历史学家曾如是讲述道。穆罕默德二世认为自己实现了先知穆

[①] 拉丁欧洲，指欧洲以罗曼语族（又名拉丁语族，起源于拉丁语）语言为官方语言、官方语言之一或通用语言的地区，主要包括意大利、法国、葡萄牙、西班牙、罗马尼亚、摩纳哥等地。——译者注

罕默德几百年前的预言，即穆斯林的军队有朝一日终会征服这座城市。在君士坦丁一世皇宫的废墟旁边，穆罕默德二世命人修建了新的皇宫：托普卡帕。他下令修缮圣索菲亚大教堂，并且把它改建为清真寺，这也是他最早的施政行为之一。将近五百年的时间里，它一直是信仰伊斯兰教的奥斯曼帝国最重要的礼拜堂之一，映射出一个迅速发展的帝国的帝国主张，并且成为众多清真寺的建筑蓝本。

圣索菲亚大教堂改为其他宗教所用的命运绝不是个例，历史上有很多重要的宗教建筑在被占领后需要不断地去适应新的宗教权力关系。雅典卫城的帕特农神庙、科尔多瓦大清真寺或者罗马万神殿都经历过这种变故。科尔多瓦大清真寺在13世纪基督教徒收复城市以后，由清真寺改为教堂；万神殿建成于公元1世纪皇帝哈德良统治期间，7世纪初被赠予教会。在各个地方，若建立新的统治关系以后，确定以其他宗教为主导，同样的事情也会发生在规模较小的庙宇或者礼拜堂。对此人们心存怀疑，又不得不恭顺地认可，通常对于他们来说，接受外来宗教并不是特别难的事情，因为随着旧秩序的失败，他们的神也捞不着什么好名声了。征服者的宗教则完全通过胜利证明了自己，征服者的胜利最终归功于他信仰的神。

奥斯曼帝国的征服并不意味着基督徒生活在现在的伊斯兰教统治者的执政中心就此终结。穆罕默德二世甚至任命东正教最重要的神学家金纳迪乌斯二世为君士坦丁堡的牧首，此外还赋予他一些国民特权。基督徒和犹太人不必皈依伊斯兰教，但是得承认奥斯曼帝国的统治，而且还要被当作二等公民对待。这些歧视最终促使金纳迪乌斯辞职。另一方面，君士坦丁堡的非穆斯林居民，也受益于奥斯曼帝国的长治久安。

当然，胜利的穆斯林也在圣索菲亚大教堂留下了自己的印记；除此之外，围绕着这座建筑，又出现了一个新的传说，在这个传说中，由于各种重要事件和状况，圣索菲亚大教堂似乎早就注定了未来会成为伊斯兰教的礼拜堂。这一切表明，它是所有清真寺之母，在一些穆斯林评论家眼中亦是如此，如一位17世纪的奥斯曼宫廷诗人所说，它是祈祷的殿堂，在这里做一次祷告，比在其他任何清真寺都要有效一百倍。与之相吻合的还有一位建筑师的故事，据说在攻占君士坦丁堡之前很久，穆罕默德二世便把他派去那里，帮着清理地震给教堂带来的破坏。此人自然趁这个机会，迅速为一座宣礼塔打下了地基。尽管这座礼拜堂与伊斯兰教相关的过去有种种可疑之处，但作为基督教的教堂是极其神圣的，一件既令人忍俊不禁又确实存在的奇事可以说明这一点。此事据说发生在1609年修缮工程期间：穹顶内高高的脚手架上有一位工人，他要么太懒了，要么尿憋得厉害赶不及爬下去，于是在一个装了混合砂浆的桶里就地解决了。当他想继续使用砂浆工作时，他却从脚手架上高高地飞了起来，呈抛物线状掉到地上，摔得粉身碎骨——谁若对神大不敬，惩罚就会随之而来。

奥斯曼帝国的征服者想将这座建筑的巨大声望为己所用，于是匆匆地将它受神青睐的命运转嫁给清真寺。不仅如此，他们也想同拜占庭帝国保持一定的延续性。因此，在公文和钱币上，除了有伊斯坦布尔这个新的城市名，还继续保留原来的君士坦丁堡。现在的名字伊斯坦布尔虽然早已被使用，但并不是独立的，直到1930年，土耳其共和国才将它升格为唯一的城市名。占领伊斯坦布尔以后，穆罕默德二世还想征服罗马，将这个古老的帝国重新统一在自己的领导和胜利的伊斯兰教之下。对他而言，伊斯兰教战胜基督教的一个显著标志，就是圣索菲亚大教堂，它从一个引以为傲的基督徒的礼拜堂，被改用为同样引以为傲的穆斯林的礼拜堂——阿亚索菲亚清真寺。

圣索菲亚大教堂的内部被装饰上了胜利的象征，并根据伊斯兰教的习俗和穆斯林礼拜堂的要求进行了改造。十字架和基督教的圣人遗物被立刻移走，大钟和穹顶上的十字架也未能幸免。根据伊斯兰教对造像绘画的禁令，下方祷告区的马赛克镶嵌画被抹上了灰泥，高处的马赛克镶嵌画在17世纪初以前都保存完好，未曾遭到损坏。在外部，昔日的教堂增建了一座木制的宣礼塔，后来又建了第二座，用于召唤信众前来礼拜。16世纪，苏丹塞利姆二世命人对清真寺进行全面的建筑整修，用一座石头的宣礼塔替换掉了那座木制的。他的儿子穆拉德三世完成了塞利姆发起的工程，并且又增建了两座宣礼塔，于是如今天所见，圣索菲亚大教堂的穹顶被四座宣礼塔围在中间，只有苏丹的清真寺才允许这样建。不过，与基督教有关的一切从未被抹去，主要因为这两种宗教有一定的渊源，但在许多方面，还是以使用阿拉伯文字为主。尽管如此，阿亚索菲亚清真寺几个世纪以来经历的变化，揭示了奥斯曼帝国的内部历史。有时候，在奥斯曼帝国看来很有必要更加严格地解释伊斯兰教及其宗教规定。塞利姆一世在公元1517年征服开罗以后，也被视为宗教上合法的哈里发，他是第一位自称为哈里发的苏丹，圣索菲亚大教堂成为了奥斯曼帝国哈里发的象征性驻地——更多的马赛克镶嵌画消失在灰泥之下。此外，瑞士建筑师福萨蒂兄弟对圣索菲亚大教堂的全面修缮同样表明，奥斯曼帝国在19世纪逐渐开放。

苏丹塞利姆二世死后，被安葬在圣索菲亚大教堂旁边的一座陵墓里，由此也就确立了一种传统，随后奥斯曼帝国日渐衰落，六个多世纪以后，直到1922年，它才宣告终结。在接下来的土耳其，国父凯末尔·阿塔图尔克执政期间，古老的马赛克镶嵌画于1931年重见天日。1934年，在土耳其严格的世俗化进程中，阿塔图尔克将圣索菲亚大教堂从清真寺改用作博物馆。不过直到今天，伊斯兰激进分子还是会偶尔呼吁，把圣索菲亚大教堂变回清真寺。

六

奇琴伊察（墨西哥）

21世纪最初的几年里，统计学家计算得出，近来世界上大部分人口都是城市居民：这是人类历史上第一次有超过一半以上的人生活在城市中。这是一段漫长的历程，从人类最初建立城市定居点开始，走了整整六千年。世界上有七个地区彼此独立并且形成于不同时期，在那里，居民点模式迅速发展，形成了一个史无前例的成功历程。在这些地区之一的中美洲，那里有些城市，如常被称作中美洲的罗马的特奥蒂华坎或者墨西哥城的前身、阿兹特克人的首都特诺奇提特兰，在人口数量上完全碾压同时代的欧洲城市。

城市可以推动发展，也需要发展动力：大量居民共同生活需要解决各种各样的问题，无论是住房、供水、卫生，还是食物；同时，城市也促进了交流、创造性和发明能力。在复杂的城市社会中，始于定居的人类活动的专业化可以进一步发展为所有人的福祉，并且释放出巨大的能量。然而，财产的重要性和由此产生的不平等也与日俱增，于是便形成了精英阶层。

时至今日，有些古城依然是大都市，另一些则因种种原因被废弃了。失落的城市让大自然收回了此前人类为了建设定居点从它那

里攫取的东西。因此，即便是今天，还能够重新发现早已被遗忘的城市，例如在中美洲。

在那里，许多世纪以前，一种颇具规模并且非常发达的高度文明就已经消亡了，湮没在雨林之中。研究这种高度文明，即玛雅文明的历史，绝非易事，需要极大的投入，因为16世纪时，西班牙人在那里的所作所为远远超出了彻底夺取政权。即便当时的玛雅文明已经度过了它最辉煌的时代，西班牙人的征服也对它造成了非常严重的破坏。例如极其丰富的书籍文化被摧毁，只有少得可怜的四部玛雅人的手抄本躲过了基督徒的大肆焚书而幸存下来。在精神领域，宗教和习俗被强行基督教化，有着自己历史的玛雅人在很大程度上被剥夺了他们的身份。尽管如此，对玛雅文明的研究在过去几十年里取得了长足的进展：自从长时间以来被视作无法解读的神秘的象形文字被大量破译。现在，这四部玛雅手抄古书以及建筑物上或者建筑物内的大量铭文都得到了破解，它们主要从他们自己的视角，或者更准确些说，从他们统治者的视角，讲述了中美洲人民政治和宗教上的故事。

对于我们现代人而言，玛雅人的历史散发着一种特殊的魅力，尤其是因为那些废弃的城市庄严却又杂草丛生的废墟，让我们感到怪异和不安的文字、雕塑和绘画，以及笼罩着这一切的许许多多的谜团。

公元前 2000 年左右，玉米这种基础食物的产量不断增加，因此从那时起，中美洲的居民人数得以快速增长，许多世纪以后，玛雅人在低地的雨林里建立了大量的城市。玛雅人很早就对玉米表现出极大的尊重，因为他们意识到，玉米恰恰是他们发展的根本前提。强行推广基督教之前，玉米神是最受欢迎的神祇之一，它通常被描绘成一位年轻英俊的男子。对玉米神的崇敬一直延续至生活在我们时代中的玛雅人。

尤其是建于低地的城邦，与古希腊的城邦相比，自公元前最后几个世纪以来，都是由神权君主作为绝对统治者来施政管理。这些令人惊叹的城市真正的鼎盛时代，是在公元 3—9 世纪之间。在这段时间里——所谓的古典时期——城市互相通商，贵族家庭内部联姻，完全跟世界上其他地区一样。同样，城邦之间会发动激烈的战争，为了争夺该地区的政治和经济霸权，为了威望和贸易份额，也为了耕地面积，因为对于持续增长的人口来说，必须开垦越来越多的土地，越来越高效地获得越来越多的食物。玛雅古典时期城市的消亡堪称传奇，其原因至今仍然是激烈争论的对象。据推测，导致这些城市衰落和废弃的原因是多方面的。19 世纪时，它们才被重新发现，其后一直被发掘和研究。促成衰落的因素中，有一部分是相互依存的，其中包括农业对大自然的过度开发，干旱、饥荒和令人筋疲力尽的战争，最后还有神权君主统治的危机。原因在于神权君主掌控不了权力了，因为他们无法再像以前那样，以神的恩惠来证明自己的身份。由于国王一次又一次的失败，也因为赖以生存的基础被夺走，人们干脆逃离了他们的统治者。延续了数百年，曾经引以为傲的统治王朝终被遗忘，它的大都市亦是如此。

在长达数百年的历史中，玛雅人在不同阶段建造了数量可观的城市。其中许多都已被发掘，并且可以参观。在这些废墟城市中，每一座都有自己独一无二的特色和某种特别的氛围。这些城市的名字早已蜚声天下，即便它们并不全是古代玛雅人所起的原来的名称：埃尔米拉多尔、卡米纳尔胡尤、蒂卡尔、乌阿克萨通、帕伦克、卡拉克穆尔、科潘、乌克斯马尔……

奇琴伊察就是中美洲人民最大的城市之一，不过它的鼎盛时代并不处于著名的玛雅古典时期，而是紧随其后的短暂的后古典时期，即那些引以为傲的低地城邦覆灭以后的时期。在今天看来，这种覆灭着实令人震惊，而且充满了神秘色彩。奇琴伊察位于尤卡坦半岛的北部，该岛今天属于墨西哥的一部分。昔日城市中心的废墟分布在至少5平方公里的土地上，但这座城市在它那个时代要大得多，然而到底有多大，目前还尚不可知，因为就像其他被废弃的城市一样，大自然又夺回了它的土地。今天，奇琴伊察的大部分地区都被草木覆盖，仍在等待重新发现。

根据玛雅历惯常的换算方法，奇琴伊察现存最古老的日期指向的是公元867年；研究大多认为，这座城市的建立时间大概在公元9世纪。后古典时期标志着中美洲的玛雅王国发生了翻天覆地的变化。权力不受限制的神权君主的统治时代结束了，因为这种统治模式最终未能经受得住考验，以前的城邦戏剧化地迅速覆灭。低地的城市败落以后，人们纷纷逃离，在北方找到了合适的定居点，其中包括奇琴伊察或者其周围,奇琴伊察随后发展并繁荣起来。因此,奇琴伊察的兴起受益于南边的古典时期玛雅城市悲剧性的消亡,随后,这座城市建立起有史以来最大的玛雅人的国家。这座大都市的中心——这是一个庄严的圣礼区——修建起一些玛雅最著名的建筑。广泛的经济往来将伊察族玛雅人的首都变成了一个文化大熔炉,其特点至今仍可以从不同的建筑风格及其组合中看出来。庞大的城市建筑群在当时应该会给无数外来的访客留下深刻印象,同时也在建筑上体现出城市拥有的巨大权力。这个意图无疑可以说是成功的,这座城市在今天仍是参观者最多的玛雅遗址之一,并非毫无理由。

这座城市最大的庙宇和标志是位于比较新的北部地区的卡斯蒂略金字塔(El Castillo,Castillo 在西班牙语中的意思是"宫殿")。这个西班牙语的名字具有一定的误导性:4 米高的神庙巍然矗立在 30 米高的阶梯形金字塔上,塔身有 9 层平台,四面各有一道阶梯。它敬奉的是库库尔坎,又名克查尔科亚特尔,或称羽蛇神。每年 3 月和 9 月的昼夜平分之日(春分和秋分),一年两次,会有大批人群聚集在金字塔前,观赏傍晚的奇景:因为这时,太阳会在金字塔北侧的阶梯上幻化出一条光蛇。这种效果是出于巧合,还是建造者精心设计而成,现在已经无从知晓了,但是玛雅人在天文、数学和历法方面拥有经验丰富、头脑灵活的专家,极有可能估计到了这样的效果。

奇琴伊察的天文学家在被称作卡拉科尔(Caracol)的塔楼里有自己的天文台。这座比例异常的建筑位于城市比较古老的南部,它给考古学家留下了一些费解之谜,尤其因为它已被毁坏了一部分。卡拉科尔建于公元 800—1000 年之间,是一座不知为何建得过于笨重的塔楼,矗立在有两个平台的塔基之上。在塔楼的内部，通过一段难以行走的极其狭窄且陡峭的楼梯可以到达顶部。不过它是做什么用的呢？长期以来，这都是一个令人费解的问题，但是如果把它看作天文台的话，独特且任性的卡拉科尔就有意义了：透过只是看似随机排列的窗户，可以在特定的日子观测到行星金星、地球的卫星月球或者恒星太阳的特定的位置，这些窗户只保存下来三个。

关于玛雅人在历法和天文方面的狂热，一直以来都有许多猜测。有人想从中发现超自然的知识，也有人把高度复杂的玛雅历法解释成切实可信的世界末日的倒计时。之所以有这样的解释，源于该历法一个重要周期即将结束，根据通行的换算方法，该周期结束于2012年。在玛雅人的长计历中，它对应着以13.0.0.0计数的这个不详日期，而且这一天意味着有大事发生。然而，古老的玛雅人既不认为世界会在那一天终结，也不想用他们的历法来发现世界的秘密，因为与其他具有悠久传统的前现代社会一样，玛雅人也自认为，他们已经掌握了必要的真理。他们的宗教世界观包括对时间的极大重视，这种重视通过在我们看来极为奇异的历法形式，被神权君主在意识形态和权力政治上加以利用，因为统治者会从内容丰富的历法上找到依据，从而让他们的统治合法化。所以，他们委任的专家尽其所能地创造这种依据：首先就是要让统治王朝和发动战争合法化，只有当玛雅人可怕的战神金星位于特定位置的时候，才可以开战。对于这类理由，神权君主们绝对不会吝于借助历法和星空，如果形势所迫，也会倾尽全力地弄虚作假。显然，宗教上对时间的重视及其通过当权者应用于意识形态领域，需要有高度发达的天文学和数学知识，因此玛雅人不遗余力地在这方面投入了大量资金。玛雅天文学家只能用肉眼观测夜空来获取知识，他们具备非凡的天文能力，即便在今天，也令现代科学家异常钦佩。然而，要解

释玛雅人复杂的历法，无需有什么对世界末日的期待或者神奇的知识。尽管负载了种种宗教和意识形态上的内容，纵观人类史，历法首先是从人类共同生活的具体需求发展起来的。

在卡斯蒂略金字塔的西北方，奇琴伊察拥有全中美洲最大的球场。这座大都市一共有13个球场（在玛雅人看来13是一个神圣的数字），数量多于其他任何一座玛雅城市。这个最大的球场光是比赛场地就有146米长，36米宽。玛雅人古老的球赛不仅极受欢迎，而且始终具有宗教仪式的特色。因为在玛雅人的创世神话中，双胞胎英雄用喧嚣的比赛激怒了冥界诸神，而后被带到诸神跟前。他们费尽心机，使出浑身解数，最终战胜了冥界的黑暗势力。由此，他们才能真正创造新的世界。大球场边上的浮雕展现了这个神话中的场景，结果却引起了错误的推测，即球赛结束时，失败者要被杀死。我们因此知道，玛雅人对球赛的热情是建立在什么基础上的——但是却不清楚，比赛遵循的规则是什么。唯一可以肯定的是，这些橡胶制成的实心球重达数公斤，只能用臀部和大腿击球，因此可以理解，球员会使用皮革护具来保护自己。至于是不是团队比赛以及如何赢得比赛，至今仍不清楚。不管怎样，在球赛中都会象征性地再现与冥界的接触，战胜黑暗势力以及战胜死亡。

奇琴伊察的球场不仅比其他球场都要大，在建筑形式上也与该地区其他著名球场有所区别。在球场的长边，比赛场地的边缘并没有像其他地方一样以倾斜的坡面为界，而是建起了垂直的围墙。不管是球场南北方向窄边处的两座小型神庙，还是长边上的界墙，都展示了神话中的形象，保存下来的就是上述那些玛雅创世神话中的球赛场景。该球场的另一个特点是：界墙的中间悬垂着一个石砌的大圆环，比赛时必须将球击过中间的孔洞，也就是说在奇琴伊察，人们玩的显然是传统球赛中类似于篮球的一种球类运动。

奇琴伊察独具特色之处是，拥有数量众多的带列柱大厅和柱廊的建筑物，其中包括前方为"千柱群"的武士神庙和一个名为梅尔卡多（El Mercado）的宏伟建筑群，梅尔卡多是另外一个具有误导性的名字（Mercado 在西班牙语中的意思是"集市"）。这个建筑群拥有整个玛雅地区最高的石柱。该建筑的用途尚不清楚，最初可能是一座宫殿或者城市统治机构的所在地。大量关于战争场景的描绘清楚地表明，奇琴伊察崛起为经济强国绝不是仅靠温情的言语就能实现的。

风格的多样性折射出这座城市作为强大的多元文化大都市的地位，反过来，正是这样的地位将各种风格组合在其宏伟的建筑物中。除了墨西哥湾地区和瓦哈卡州的玛雅风格，主要还有墨西哥中部的玛雅风格。这样的建筑成果甚至让入侵的西班牙人为之震撼，他们于1532年在尤卡坦建立了第一座西班牙人的首都，然而并没有持续太久。

跟其他没有完全脱离自然的民族一样，玛雅人对水也表现出极大的崇敬。干燥的尤卡坦半岛几乎没有地上河道，因此，天然井（Cenotes）对于玛雅人来说有着至关重要的意义。所谓天然井，指的是半岛地区往往比较贫瘠的地表土下面的石灰岩层塌陷时，自然形成的通往地下水的洼洞。奇琴伊察拥有其中比较大的两个：一个在市中心，用于供水；另一个在最北边，也就是圣井，在西班牙人占领以前，就有大量来自四面八方的朝圣者前来游览参观，并把献祭品扔到水中。这处落水洞直径为50米，从洞口至水面有20米，水本身同样20米深。20世纪初，潜水员在水底发现了珍贵的首饰，有玉的，也有黄金的，此外还发现了祭祀用的刀具和人骨——例如饥荒或者干旱时期不幸的祭品的遗骨，其中不乏孩童。圣井赋予了这座城市它的名字，因为奇琴伊察的意思是伊察人的水井，伊察人是许多玛雅部族中的一支，古典时期神权君主的城市没落以后，这些部族在政治、经济和宗教上成为了主导力量。

奇琴伊察从发生在南边的由战争、干旱和饥荒引发的戏剧性事件中受益匪浅，它同样也从这一事件中吸取了教训，成为玛雅城市中的新兴重镇。人们寄望于新的政治风格，而非形同于神、结果却错误百出的国王，从而获得了成功。为了能够更加公正地做出决定，权力被分配，再也没有像神一样合法地进行独裁统治的统治者了。在奇琴伊察，有一个事实能够让人印象深刻地领会这一点，即突然之间没有了国王的雕像，也没有了对国王的颂扬，尽管国家的领导层依然可能是个别统治者。决策是由数量更多的一群人做出的，即通过议会会议，有发言权的是政治精英——他们很可能是在"千柱群"中开的会。

这种相对较新的执政形式，在古典时期的一些城市中就尝试过——即使为时太晚，无法阻止覆灭的命运——它有一个至关重要的优点，即在不安的民众眼中，有别于神权君主统治，在更远的南方，这种政权制度因为城市的没落丢尽了颜面。同时，它崭新和务实的一面也激发出政治、经济和宗教上的活力，这也是塑造并主宰这个巨变的时代所必须的。

巨大的经济成就是奇琴伊察的权力基础，它让这座城市崛起为一个经济帝国光芒四射的中心，这在玛雅历史上是前所未有的。从成就上看，最多只有墨西哥中部的特奥蒂华坎可与之相提并论。说琼塔尔语的玛雅人（Chontal-Maya）为尤卡坦半岛玛雅人的崛起创造了前提条件，他们主宰着墨西哥湾沿岸日益扩张的贸易，因为没落中的古典时期的城市不仅留下了政治真空，还留下了经济真空。在此基础之上，迁移而来的伊察族的玛雅人开始兴起，他们利用军事手段维护自己的经济实力——邻近的城市吃了不少亏，并且逐渐衰落。它们被贬为附庸，其贵族家庭必须提供人质，这样的话，一旦它们不听话，奇琴伊察就可以借人质对它们施以惩戒。奇琴伊察成功地垄断了最重要的商品，尤其是可可、盐和棉花，此外还有黑曜石、玉和火山灰，并且控制了通商路线。越来越多的商贸物资此时不再经由艰苦的陆路运输（玛雅人虽然已经掌握了轮子，但没有使用它），而是利用大型船只沿海岸线走水路。奇琴伊察控制着最重要的海港，因此可以对贸易活动和通商路线直接施加影响。

宗教是为经济利益服务的。在奇琴伊察，宗教事务具有更多的国际化的特征，正如这座城市总体上已经发展成一个世界性的大都市，里面生活和工作着来自中美洲各个地方的人。作为众所周知并且公认的朝圣地，早已帮助这个地区的另一个经济中心建立并且维持了一个帝国：特奥蒂华坎。对于奇琴伊察来说，圣井是势力扩张不可或缺的助力。此时最重要的神祇是库库尔坎，他虽然早已为玛雅人熟知，但并不是很重要，在他的家乡墨西哥中部，他有一个更著名的名字：羽蛇神。他作为意识形态工具，可以在宗教上为奇琴伊察如此大张旗鼓的权力扩张进行辩护。从这时起信奉的众神来自于整个地区，形形色色，五花八门，每个神祇都有一席之地。

科学家认为，军事、经济和意识形态领域联合行使权力，是以奇琴伊察为首都的伊察人的帝国成功的真正原因。政治上灵活稳定，军事上强大坚毅，城市最重要的神祇在整个地区都被认可，控制了重要商品的生产和贸易：借助于这个成功秘方，奇琴伊察称霸的时间要比其他任何玛雅城市都要长。

然而，奇琴伊察的统治也没有永久地持续下去，这个经济强国的霸主地位只维持了整整二百年。公元1050年前后，此前热火朝天的建筑活动结束了：这是一个明显的信号，意味着问题出现了，颓势已经开始。是什么导致了衰退，目前尚无定论——有可能是因为一次军事失败，也有可能像先前其他城市那样，多种因素结合在一起带来了致命的灾难，现在成为奇琴伊察催命符的是：人口过剩、过度开发自然资源、军事消耗、气候变化、政治错误。

不管具体细节如何，其结果是：1100年前后，奇琴伊察不仅失去了在中美洲的霸主地位，而且人口骤减了一大半。虽然这座城市并没有被完全废弃，但如今，只有那些早已无人问津、逐渐坍塌的建筑还印证着它日渐黯淡的辉煌。不管怎样，作为朝圣地，这座城市继续吸引着各方游客。但是，作为经济和政治上的领头羊，奇琴伊察已经被西边的玛雅潘所取代，不过在风格上还是对这个接班人有所影响：玛雅潘直接仿建了奇琴伊察两座重要的建筑，库库尔坎金字塔和卡拉科尔天文台，显然是寄望于通过复制的建筑，即使规模小一些，能够跟旧日的大都市建立某种关联。

可是，后古典时期的玛雅城市最终也走上了毁灭之路，面对人口过剩、干旱和对大自然的过度开发，它们苦不堪言，它们的政治领袖最终也没能解决这些问题。公元16世纪初，西班牙人发现的已不再是玛雅古典时期繁盛璀璨的城邦文化，但仍然足以令人难忘。尽管如此，西班牙人给了玛雅文化致命的一击，因此，要想揭开这令人神往的过去，并且将部分身份连同历史归还给今天的玛雅人，不仅过去需要，而且一如既往地需要巨大的科学努力。

七
吴哥窟（柬埔寨）

纵观历史长河，地球上不同地区之间相互了解的时间根本不算久，毕竟人类历史要以百万年来计算，与之相比，区区数百年并不多。从这个角度看，或许就会惊讶于，尽管存在各种多样性，但是有一些类似的事情却在地球上的许多角落发生，它们彼此之间却又并无关联。其中就包括宇宙观，例如几乎所有宗教中都有关于大洪水的想象；包括早期纪年体系惊人的一致；还包括广为流行的神权

君主统治形式，即便特点各有不同；也包括动摇了旧秩序的大规模迁徙运动；同时也包括国家和帝国的出现以及它们对地区霸权的争夺。东南亚也并无不同，公元9世纪，柬埔寨从傀儡升级成了操纵者：在吴哥帝国的统治下。

在亚洲，决定性的力量曾经是（并且现在仍然是）强大的中国，由于它——与欧洲相比——发展水平极高，不仅很早就产生了文化上的影响，而且寻求在政治上操控邻国。例如越南作为中国的藩属国长达千年之久，直到公元939年才实现独立，而且还得继续提防中国。在历史上，朝鲜半岛除了中国以外，还跟蒙古和日本有脱不了的关系。就柬埔寨而言，有关它早期的历史少得可怜的信息主要来自于中国，这是不争的事实——无论是没有军事行动就奏效的来自印度的影响，还是繁荣的海上贸易大国扶南把生意做到了罗马和波斯，抑或是以农业为特点的真腊。

例如，有关扶南建国的传说就颇具中国观念的特点：根据传说，一位名为混填的外国人来到柬埔寨的南部，娶了当地一位名叫柳叶的女王，并要求其穿上衣服，遮盖住一贯裸露的身体。在中国人看来，裸体是极其野蛮的象征，当混填为他的女王穿上衣服时，就意味着这片土地由此在该王朝得以教化，它很可能就是扶南的第一个统治王朝。另一个关于扶南建国的传说认为，王朝的创建者是印度的婆罗门，即印度教最高种姓。在这个故事里，开创王朝也是文明开化的过程，具有亚洲特色的是，一个外来的新的宗教跟新的统治者结合在一起，奠定了国家崛起的基础。然而，这些外来宗教并不会被全盘接受，并且一成不变地实施，而是要顺应柬埔寨的需求。

实际上，柬埔寨的神祇世界是形形色色的大杂烩，本土的神灵和来自印度的神灵共存，印度的佛教和印度教这两大宗教在柬埔寨形成了深远的影响。在宗教上起决定作用的是梵天、毗湿奴和湿婆三位一体，他们分别代表创造、守护和破坏这三种宇宙的力量。在吴哥的庙宇，不仅可以见到印度梵文刻写的铭文，也有柬埔寨文的，不过后者明显年代较晚。

扶南和真腊需要向强大的中国纳贡，直到公元8世纪，柬埔寨被爪哇统治，在研究领域，这是该国历史上颇有争议的一段篇章。公元9世纪初，生于先前一个柬埔寨统治家族的阇耶跋摩二世从印度尼西亚的爪哇岛返回了自己的故乡。他将高棉人民团结在一起，建立起有序的社会环境，最终脱离了爪哇的统治。阇耶跋摩二世把自己立为神权君主，创建了吴哥帝国，即后来的柬埔寨的前身。公元9世纪末，国王们开始了延续几代人的大规模建筑活动，最初的建筑高潮包括在当时的都城诃里诃罗洛耶修建的两座寺庙：神牛寺和巴孔寺。前者是六座砖塔组成的用于纪念王室成员的祖寺，后者是一座神庙山，当时的柬埔寨的标志，是寺庙建筑群围着一座高耸的中央宝塔，它代表了世界之山须弥山。

如同其他宗教一样，在佛教和印度教的宇宙观中，山起到了至关重要的作用，这里主要作为宇宙的中心：喜马拉雅山另一端的一座难以想象的高山，山上居住着众神，星辰环抱四周，围绕那遥不可及的山顶运行。同时，这座山也意味着世界的轴心，它连接了三界：地狱、人间和诸神的天堂。因为地球被视作世界的中心，苍穹也会围着这座神山旋转。

在早期的"神庙山"之前，兴修的是庙塔，再早一些，则是在天然山岳的内部建造圣窟。若是某位吴哥国王修建一座宏伟的神庙山，自阇耶跋摩二世以来几乎所有的统治者都会这样做，他就是象征性地，但完全具有权力意识地把他个人等同于神的统治与威严的诸神以及宇宙之山——须弥山之间——建立一种直接的联系。这是柬埔寨的独特之处，因为在印度，这种宇宙观的动机从未如此瞩目，且全面地反映在建筑之上。

像其他地方一样，在柬埔寨，宗教和世俗世界彼此交融，总是无法或者根本不想对它们进行区分。寺庙的铭文可以证明这一点。虽然每一段铭文开篇都是呼唤相关的神祇，但随后从内容上看，大部分明显变得平淡无奇：关于诉讼或者财产纠纷，关于分配土地或者建立居民点——也就是说，跟人们的日常生活相关。与之相应，寺庙也不是纯粹的宗教中心，而是一般性的公共生活场所，就像中世纪欧洲的教堂一样。当然，神权君主也怀疑他们的宗教地位不如世俗地位重要，他们之所以诉诸他们所谓的神的地位，主要因为这样更容易进行统治。或者更准确地说，两者是不可分割的，这似乎不仅对从中受益的统治者来说是合理的，对普通百姓来说亦是如此。上层精英竭力效仿统治者，同样信奉宗教，但是在这种虔诚的表象背后，他们追求的是具体的经济利益。

吴哥（这个名字的意思是"城市"）坐落在柬埔寨北部的暹粒省，洞里萨湖（"大湖"）以及赋予该省名字的同名地区首府以北，洞里萨湖是东南亚最大的内陆湖，至少在六千年前，柬埔寨人就开始在湖岸边建立居民点。吴哥现在是一个深受欢迎的旅游胜地，游客必然会感受到寺庙建筑的宏伟并为之震撼，它们有着迷人的建筑，而且由于已沦为废墟状态，并且被丛林环绕，宛如被施了魔法一般。总体上看，吴哥古城周边地区不仅有著名的大型寺庙建筑，而且还有成千上万比较小的寺庙和寺庙废墟，对它们进行考证记录，对考古学来说是一项旷日持久的繁琐工作。其中许多寺庙现存只有少得可怜的遗迹，它们大多规模小、造型朴素，并且由不耐久的材料建成。宏伟坚固的寺庙建筑构建出我们今天所看到的景象，但宗教生活绝不仅仅是那些建得起这类寺庙的人的特权。简陋的寺庙显然是由乡村的居民点合作修建的,壮观气派的皇家寺庙则清楚地表明,统治者到底拥有多少劳动力,并且可以把他们从生产型经济中抽调出来。

公元9世纪最后三分之一的时间里,因陀罗跋摩一世命人修建了一个占地面积多达300公顷的巨大水库,作为他建筑施工项目的一部分。他的继任者们同样修建了这类名为巴莱(baray)的水库,这些水既用于居民消费,也满足了寺庙建筑群祭礼用水的需求。在用水管理上耗费了大量的投入。因此,考古学家发现了越来越多的小池塘和水渠(柬埔寨语中称作 trapeang),当时的数量必定至少以数百计。实际好处——例如灌溉稻田——是显而易见的,因为只有农业得到进一步发展,才能养活日益增长的人口。此外,吴哥周边地区的水利工程系统可能也具有宗教象征意义。

吴哥帝国是以其都城命名的,这座王城是因陀罗跋摩的儿子耶输跋摩一世在公元9世纪末建立的。他的统治范围在北方一直延伸至今天的老挝和泰国,与他父亲相比,他可以支配的劳动力显然更多。虽然父亲是第一位兴修这类宏伟建筑的国王,但儿子远远超过了父亲。公元10世纪末期,吴哥帝国开始崛起,成为强国。它的领地越来越大,在此期间一度改迁的都城又迁回了吴哥,于是再一次引发了大规模的建筑施工。

吴哥窟是吴哥许多寺庙中最著名的。它不仅被印在钞票上,而且柬埔寨国旗中间的横条上的图案就是它五座宝塔中的三座,这足以印证它的重要性。修建它的是苏耶跋摩二世,公元12世纪上半叶吴哥的统治者。我们对这位国王了解不多,有关这位不是很知名的国王的大部分信息都来自于铭文,不过对于这些铭文带有倾向色彩的说法,必须得批判性地究根问底,并且与其他资料进行比较。他出生于今天的泰国,并不是前任国王的直系后代,而是他的侄孙，这个想必渴望权力、至少非常年轻的小伙子毫不犹豫地杀死了麻烦的老国王，以此登上了王位。这是一个具有纲领性的开场，因为苏耶跋摩二世的统治以好战而著称——而他作为统治者在位将近四十年，最终丧生于一次水上战役，似乎是不可避免的。

他修建的最大的寺庙，也是他那个时代最大的。该寺庙确切的用途是什么，至今仍令研究人员困惑不已，因为这座建筑有一些特殊设计，原因为何，迄今仍未能弄清楚。其中包括，不同于其他寺庙，它没有朝东而建，而是面向西方。因此，它有可能是被设计成一座墓庙，原因在于西方是日落的方向，代表着死亡。它也有可能是为朝圣者所建的地方，或许要借助于许多浮雕，按照修建者的意图对朝圣者进行宗教教诲。但接下来又不清楚的是，这些参观者是精心挑选出来的精英还是大量的民众；这座寺庙一直对参观者开放，还是只在盛大的节日开放。另有一些人则主张，整座建筑群是世界的微观映象，而且忠实到了极致，其根据是印度教的教义，包括可以解释寺庙建筑群规模的数秘术和复杂的天文定位。众所周知，高棉人是头脑灵活的天文学家，事实上，太阳在一年中位置的变化，很大程度上有助于将更多的注意力吸引到浮雕描绘的故事中特定的画面上。修建吴哥窟也许是国王的一种虔诚之举，他想要构建出地球上的神域，并且试图将它们与丰富的图像世界结合起来，从而使之生动起来。或者虔诚只是托词，修建者真正的意图，无非就是颂扬自己的伟大，并且要将它留于后世为证——只是其在宗教上是正确的吗？这些对吴哥窟做出的有可能的解释中，有些完全可以结合在一起，即便如此，也并不会让这个谜团更容易解开。不管怎样，修建寺庙是一项国家事务，小到细节都要获得最高宗教权威的许可。不仅图像主题的选择，而且纯粹的建筑设计，都被认为是神的启示。

此外，迄今为止仍是未解之谜的还有，这座宏伟的庙宇供奉的为什么是印度教的神祇毗湿奴，而在此之前，总体上看，柬埔寨，特别是苏耶跋摩王朝崇拜的主要是湿婆。苏耶跋摩可能谋求将现有的信仰跟其他信仰融合在一起，或者想增加某些新的内容来丰富现状。也许相较于他的前任、继任以及他的人民主要崇敬的神祇，他个人更加崇拜这位神。也有可能是，他借助于毗湿奴在政治上利用宗教或者使之有利于他追求权力的这种方式特别成功。无论如何，在曾经统治过吴哥帝国的国王中，苏耶跋摩二世不仅是最好战的，也是最强大的。

无论在高棉神权君主时代具体发生了什么，毫无疑问的是，吴哥窟都是在建筑上对宇宙观的真实反映：如须弥山一样，神庙山矗立在它的中央。整个建筑群呈长方形，东西向长1.3公里，南北向长1.5公里（这个尺寸可能与这座建筑群的其他尺寸一样，具有宇宙学意义，并且对应了印度教的宇宙年代），四面环绕着一条宽达190米的护城河，似乎这是原始海洋，上面浮游着四大部洲，象征这四洲的是四座较低的宝塔，它们围成矩形，分列四角，中间是一座庙塔。这座高达65米的中央宝塔，在某种程度上可以说是"城堡主楼"。这五座神庙山合在一起，代表了有五座山峰的须弥山。五座宝塔外形均仿造盛开的莲花，莲花在亚洲是纯洁和启悟的象征。也许这个设计构想还包括围绕着这片圣地的城市，诸神之山高耸于城市中心，就像国王站在他的臣民中间，但同时又高不可及。

吴哥窟建筑群以最高的莲花宝塔为中心，由多道同心回廊组成。若是从西面进入柬埔寨的这座地标，首先会见到一座桥横跨开阔的护城河，然后经由宽阔的参拜道，穿过绿树成荫的公园。上了一段台阶来到一处平台上，再向前就可抵达外部回廊的主入口，回廊四周装饰着著名的浮雕。西侧的两个拐角处，各有一个角亭坐落在围墙后方，它们同样也有浮雕装饰。要进到寺庙的最里面，还得再穿过两道回廊，攀爬更多的阶梯，上至其他的平台。

这位高棉统治者不仅花费了大量时间用于战争，而且吴哥窟的修建贯穿了他的统治时代。苏耶跋摩登基后不久，便开始修建这座世界上最大的宗教建筑，耗时大约三十年。吴哥窟之所以能够被列为人类历史上的伟大建筑之一，不仅纯粹因为它规模宏大，还归功于它的建筑布局和卓著的艺术表现。大量浮雕提供了内容丰富的有关神话和历史的直观资料，其主题当然根据刻意为之的整体思想内容进行了精心挑选。

柬埔寨寺庙的石头浮雕提供了有关吴哥帝国时期高棉人的历史、宗教和思维方式的宝贵信息。有的简单不起眼，有的却气势恢宏、极尽奢华，例如吴哥窟的浮雕饰带，它们宽2米，长数百米。若是在神话和历史方面了解必要的背景知识，或者有专业的解释，基本上就可以看懂上面的内容，如同读一本图画书，一种高棉人的连环画。然而这是一种有着深刻内涵的连环画，可以有不同层面的理解。涉及跟历史相似的地方，往往会有宗教上的援引对它进行升华或者评判。例如吴哥窟的西画廊展现了印度神话中的战争场景，这些场景跟修建它的国王取得的军事胜利之间有所关联，这一点，国王同时代的人几乎都看得出来。根据传说，在神话战争中，神会来帮助好人，这一事实必然会提升苏耶跋摩胜利的价值。显然，这种表现手法意义重大，因此要创造出这些杰出的艺术作品，不仅得精雕细琢，还需有极高的艺术水准。

这些浮雕的总面积超过了2000平方米，其中一个故事呈现得精妙卓绝，这个故事在柬埔寨（及以外地区）广为人知，同样也深受欢迎。苏耶跋摩很可能想借助它的欢迎度，让自己可以跟深得人心的英雄相提并论。这就是罗摩衍那传说，即王子罗摩的故事，时至今日它仍是印度的民族史诗。这部在当时已经有数百年历史的古老史诗，讲述了罗摩的冒险经历，尽管他能力非凡，但一开始便被剥夺了王位，必须通过刺激的命运的考验，直到最终成为国王。其他浮雕则描绘了印度教的神祇世界和他们的传说。

后来的统治者兴修的建筑工程都无法企及吴哥窟的标准。公元12世纪末和13世纪初，国王阇耶跋摩七世统治下的柬埔寨，在政治上是东南亚毫无争议的霸主，即便在他权力扩张最鼎盛的时期，王室建筑尽管在规模上超过了以前，但也未能达到这么高的水准。阇耶跋摩在对国都发起毁灭性攻击以后，自己也让人兴建了一个全新的城市中心：吴哥通王城，它最著名的建筑是神庙山巴戎寺。不过，阇耶跋摩的神庙山并未按照莲花形制建造寺塔，而是将它们雕刻成人面形象，即便与吴哥窟相比，建得略显粗糙，但也堪称伟大的高棉艺术。这些大型的建筑项目还远远不够，因为国王——佛教的拥趸——让人在全国各地修建了许多其他寺庙，大多数都建有跟巴戎寺寺塔一样的人面塔，似乎它们不可撼动的平静可以普照众生。此外，他还修建了大量的基础设施：四通八达的道路网，以及迄今已查明的至少120家客栈和100多所医所，令虔诚的朝圣者从中受惠。

然而，巅峰同样也意味着拐点：吴哥惊人的权力扩张无法长期维系，因为海上贸易的重要性日渐增加，崛起中的邻邦越南，尤其是泰国从中得益，逐渐发展成强大的对手。此外，多位国王大兴土木，耗资巨大，而且还有别的内部问题，其中包括集约化农业和灌溉造成的环境问题。就这方面来看，与中美洲玛雅城市的没落有着惊人的相似。柬埔寨的衰败究竟是从什么时候开始的，又是什么原因具体推动了这一进程，相关研究成果还不尽如人意，但是在14世纪末，高棉国王的建筑活动宣告结束，作为资料来源的铭文也渐渐中断了。这时，在宗教上，改信上座部佛教的古老学派，从而脱离了先前印度的影响以及神权君主统治；在语言上，废弃了梵文，改用当地的高棉语；也没有再修建新的具有代表性的寺庙建筑，国家的没落影响着现有的宏伟建筑，余下的建筑也饱受时光的噬啮。公元 15 世纪，泰国多次入侵柬埔寨，以致柬埔寨放弃了遭到破坏的吴哥通王城，几次迁都，最终将都城迁至金边，直到今天，它仍是柬埔寨的首都。决定放弃吴哥的国王波涅·亚，应该是这个帝国最后一位值得骄傲的统治者。吴哥窟也成为战争破坏的牺牲品，后来变成了佛教僧侣的宗教中心。

在接下来的几个世纪里，先是泰国，后为越南对柬埔寨起到了决定性影响，但是柬埔寨的真正没落是从公元 17 世纪末才开始的，因为在此之前，它通过兴旺的贸易还保持了一定的繁荣。19 世纪末，它最终沦为法国殖民地印度支那的一部分。1954 年，柬埔寨实现了独立，但很快因为意识形态冲突而饱受内战之苦。后来在 70 年代，在红色高棉政权的统治下，将近 200 万人，即四分之一人口的生命被夺去。无数麻木不仁的劳动者遭受压迫。吴哥帝国灭亡以后，衰败和他治造成了最初的创伤。到了 20 世纪，红色高棉的恐怖统治又为它添上一笔新的伤病。柬埔寨的历史自从吴哥帝国没落以来几经更迭，这也导致了当时的历史古迹，尤其是无数的寺庙听凭大自然摆布，终被丛林湮没。直到 20 世纪晚期，它们才获得应有的文物保存方面的重视。柬埔寨这个高棉人的国家成为强国权力游戏的对象长达数百年，在此期间，它也曾一度崛起，成为文化和政治大国，那些历史古迹正是这段较长时期引以为傲的证明。

八
阿尔罕布拉宫（西班牙）

第二次世界大战带来了巨大灾难，自此以来，欧洲统一进程一再提出一个问题：究竟什么是欧洲特有的，欧洲大陆的文化和历史遗产是什么。一旦涉及将带有伊斯兰色彩的国家纳入国家共同体之中，立刻就会有人断然指出，在欧洲遗产方面，主要是基督教起

决定作用。实际上,欧洲的根基和特征源于古希腊古罗马文化同一神论的三大宗教——犹太教、基督教和伊斯兰教——的相互作用,此外,这三大宗教也有着共同的渊源。毋庸置疑的是,基督教对欧洲大陆影响深远,并且从欧洲传播到世界各地。欧洲能够在长达数百年的时间里保持其发展优势,因素众多,其中也包括基督教崇尚进步和扩张的意识形态以及拉丁中世纪既彼此冲突又相互作用的独特的宗教-世俗结构。但是,欧洲之所以成为今天的样子,不是靠基督教一己之力,它也并非在任何时代都未曾遇到挑战。虽然基督教在罗马帝国从一个不起眼的教派蜕变为国教后,在西方世界持续不断地扩张,但是几百年来不得不承受各种攻击,直到世俗化和资本主义——二者也源于基督教精神——出现,它们将宗教本身推向了极限。这种攻击调动起了一些欧洲国家自卫的意愿,这些国家把民众带入了意识形态的阵地。其结果之一就是,一旦他们在反对愚昧、不合时宜的激进派的狂热以外,不分青红皂白地把穆罕默德的宗教妖魔化,就会在今天对伊斯兰教持保留态度。

对基督教欧洲的攻击,除了13世纪蒙古人入侵欧洲和以1453年君士坦丁堡沦陷为正值巅峰的奥斯曼帝国的攻城略地,还有摩尔人在伊比利亚半岛长达几个世纪的统治时期,当时的西班牙,大部分地区都是穆斯林,因为不仅基督教曾表现出极度的扩张主义和权力导向,伊斯兰教同样以闪电般的速度传播过,尽管没有基督徒代表耶稣所表现出的那种传教士的气焰。与耶稣一样,先知穆罕默德最初被视为赤裸裸的煽动者,公元7世纪,他终于说服阿拉伯世界相信他新创的、同样一神论的宗教。穆罕默德死后,他的教义广为传播,随着哈里发职位的设立,尽管伊斯兰教内部斗争激烈,建立一个伊斯兰帝国的理念在军事力量的帮助下几乎势不可当:从阿拉伯半岛向北直到黑海和里海,向东到印度河,向西最初到埃及,公元8世纪在倭马亚王朝的统治下，进一步发展到直布罗陀，公元711年甚至越过直布罗陀海峡扩张至西班牙。直到732年在图尔和普瓦捷之间地域与法兰克王国一役，伊斯兰军队的征服欲望才得以遏制。

倭马亚王朝的统治时代在伊斯兰世界其他地方结束于公元8世纪中叶，但在西班牙已经穆斯林化的地区，该王朝的余脉一直统治到1031年。摩尔人统治下的西班牙，被称作安达卢斯，它在公元10世纪达到了鼎盛时期，这时，科尔多瓦早已成为欧洲西南部伊斯兰世界的首都和最重要的文化中心。从地位和规模来看，它可与巴格达和君士坦丁堡这类大都市相提并论，而且还跟罗马帝国和拜占庭帝国的基督教统治者之间互有交流沟通。

在艺术和建筑方面，安达卢斯的遗产显而易见具有伊斯兰特征，但也不难看出，同样受到了中世纪基督教和西班牙为数不菲的犹太少数民族的影响。这种相互影响远远超出了建筑上的见证，而且对于伊比利亚半岛伊斯兰教的历史及对于欧洲的贡献，起到了至关重要的作用。这段时间里，许多重要的穆斯林、基督教和犹太学者及艺术家都在安达卢斯工作，而且跨越了信仰的边界，彼此保持着密切的联系。

今天的世界仍在汲取的重要古代遗产，曾经大部分都保存在伊斯兰教手中，在伊比利亚半岛的文化交流中，它们基本上都传承给了基督教欧洲。否则，许多医药、哲学、地理、数学、天文学、化学、历史及其更多方面的著作就会失传——亚里士多德至少是其中一个伟大的名字。首先在托莱多，展开了繁忙的阿拉伯语著作的翻译工作，目的是通过伊斯兰教的传播介绍，使古代失传的知识为拉丁中世纪所用。例如施陶芬王朝的皇帝腓特烈二世著名的《猎鹰之书》，就是以阿拉伯语资料为依据的，只不过这些资料来自于西西里岛。

在同时代（及其后）各种各样的宣传中，并非在任何时候都鼓吹想象中正确的那个宗教的胜利，以及为此而进行的艰苦卓绝的斗争，政治上也证实了这一点，有时候穆斯林的苏丹受基督教统治，有时候基督教诸侯是穆斯林哈里发的附庸。除了文化领域以外，活跃的经济往来也是三大一神论宗教密切接触的标志。在基督徒方面，基督教国家的意识形态和欧洲各地的十字军动员演说，同实际上更务实的处理方式并不一致。此外，伊斯兰教被证明是相对宽容的：只要承认苏丹的统治权，犹太人和基督徒的宗教活动就不会受到限制，尽管非穆斯林属于二等公民。但是，基督教的统治者对信仰不同的人大多没有那么客气。

安达卢斯感受到了无比巨大的压力。权力争夺从内部动摇了西班牙的科尔多瓦哈里发国家，外部又受迫于基督教的收复失地运动（Reconquista），即在卡斯蒂利亚、莱昂、阿拉贡和纳瓦拉等西班牙王国一代又一代国王的领导下，收复曾经的基督教领地。结果是杀来杀去，一片腥风血雨，城市和地区改信基督教，又改信穆斯林，复又改信基督教。1085年，信奉基督教的军队收复了托莱多，不到一百年以后，又夺回塞维利亚和科尔多瓦。在西班牙的摩尔人中间，摩洛哥的阿尔穆瓦希德最终成为了统治者，他们要求更加严格地遵守伊斯兰教规。在他们看来，穆斯林之所以失去那么多地区，是因为安达卢斯面对赤裸裸的财富和堕落的生活享受，已经脱离了伊斯兰教的正轨。尽管在安达卢斯，这样一种更为严厉的伊斯兰教拉紧了权力的缰绳，收复失地运动却坚持不渝，最终在13世纪上半叶，西班牙的其他城市重新落入基督教手中，穆斯林人被驱逐。

作为伊斯兰教最后的堡垒，安达卢西亚的格拉纳达仍然坚守在西班牙的南部，纳斯里德家族在那里建立了统治王朝，收容了西班牙的大多数穆斯林难民。大约30万穆斯林，几乎没有基督徒或者犹太人，生活在这个长 300 公里的长条地带，该地区西到直布罗陀，经阿尔梅里亚至大陆东部，位于连绵的山脉和西班牙南海岸之间。12 世纪初期，苏丹以前的家业只剩下十分之一还属于伊斯兰，但是他们在安达卢斯余下的这个地区又维持了惊人的二百五十年。

这主要归功于纳斯里德王朝开创者的深谋远虑和务实态度：公元 1246 年，穆罕默德一世通过签订条约，表明臣服于卡斯蒂利亚王国信仰基督教的斐迪南三世，从而得以建立格拉纳达苏丹国。在随后的几十年间，面对伊比利亚半岛上越来越多的城市重归伊斯兰教所有，并且又再次基督教化，纳斯里德王朝的统治者虽然不得不袖手旁观，但是他们可以保全自己的国家，尤其是可以给流离失所的穆斯林提供庇护。他们还利用基督教一方式微的时期，为自己牟利，无论在军事上还是外交上。

14 世纪的大部分时间，格拉纳达都处于纳斯里德王朝的尤素福一世和穆罕默德五世的统治之下，继开创者之后，该王朝一共有 22 位苏丹，大多在强权政治方面碌碌无为，这二人被视作其中的佼佼者。正是他们在首都兴建了宏伟的宫殿群阿尔罕布拉宫。这座庞大的宫殿建筑群就此成为这个摇摇欲坠的安达卢斯残存国家的显著标志，这个国家一直处于外敌的虎视眈眈之下，而且由于基督教的优越性，长期来看注定要灭亡。不过与此同时，它也在经济和艺术上得到了蓬勃发展，而且对伊斯兰教教义进行了严格解释，穆斯林人口占到多数，其比例远远超出了以前伊斯兰国家的人口构成。阿尔罕布拉宫的修建者或许主要是穆罕默德五世，他是格拉纳达最重要、也是执政时间最长的苏丹，趁公元 1362 年第二次掌权之机，他命人对这座城堡山上的建筑进行了大规模扩建，此后又在阿尔赫西拉斯——公元 711 年伊斯兰教迁入欧洲时在西班牙建立的第一个权力基地——打响了抵御基督徒的重要之战，他希望自己能够借此名扬千古。穆罕默德从此前附庸于阿拉贡转而投诚于卡斯蒂利亚，并且受益于这两个积怨已久，乃至兵戎相见的基督教王国之间发动的一场战争。穆罕默德从中扩大了自己的统治区域，卡斯蒂利亚王国却为此付出了代价，当时那场战争是兄弟间的一场王位之争。长时期的稳定和经济繁荣使穆罕默德可以促进文化和科学发展，并且开展大规模的建筑施工，阿尔罕布拉宫由此建成了今天的样子。

这座伊斯兰历史上保存最为完好的宫殿，是位于格拉纳达城上方的一个非常大的城堡区，四周环围着长达两公里的防御墙。阿尔罕布拉这个名字源于阿拉伯语的 Qal'at al-Hamra，意思是红色城堡——或许因为这片地区的土地是红色的。这座名为萨比卡的城堡山由于战略位置优越，虽然本身缺少水源，但也非常适合用于防御。

虽然定居史和建筑史尚不清楚，但在 11 世纪，格拉纳达这个地方的重要性与日俱增，此前伊斯兰教的影响在西班牙延续了几百年，伊比利亚半岛上穆斯林的统治已经历了一段错综复杂、常常充满戏剧化的历史。当时，统治这一地区的是北非柏柏尔人的齐里德王朝，他们的犹太维齐尔[①]，即哈里发的得力助手，命人在这座山上修建了一座宫殿式要塞——我们之所以知道这一点，是因为这位维齐尔被指控行为不当，把建筑修得比他主子的还要豪华。1238 年，穆罕默德一世攻占了这座城市，一举成为伊比利亚半岛余下所有摩尔人领地的统治者。后来，阿尔罕布拉宫发展成格拉纳达一个独立的城区，占地面积为长 740 米，宽 220 米，四周环围着花园和高大坚固的要塞围墙，围墙上总共有 22 座塔楼，不仅用于防御，也用

[①] Wesir，伊斯兰历史上国家的高级行政官员或大臣，音译自阿拉伯语，意思是"辅佐者""帮助者"。——译者注

作居所。公元 13 世纪晚期，为了给这片城区供水，修建了一条渡槽。阿尔罕布拉宫高耸于城市上方，自给自足，同时它的围墙与城市的城墙相连。

城堡区有四座大门，可以穿过任意一座进入其内部，其中最重要的大门位于南侧，是建于 1348 年的"正义之门"。它的柱子上刻有伊斯兰教的清真言，"万物非主，唯有真主，穆罕默德，主之使者"，也许示意着某些仪式或者象征性任务，但这种解释是存有争议的。造型简单而令人印象深刻的是"七重天门"。东北侧的那座铁门或称新大门，不太重要，第四座大门是"武器之门"，位于这个长条形建筑群的西北端，以前是连接格拉纳达市的通道，现在依然展示着它庄严的拱门。它通向早期的城堡区，内有城堡主楼维拉塔和三座较小的塔楼。据推测，这个城堡区主要建于纳斯里德王朝成立之前，用于士兵的军营，武器库，或许还有一座监狱。总的来说，俯瞰格拉纳达的这座国王之城有大量功能性建筑，其中包括清真寺、学校、浴池和许多居住建筑。

这座王宫本身由七座建于不同时期的宫殿组成：建筑群西侧有多个比较小的庭院，它们建于 14 世纪或者更早，它们通向梅苏亚尔厅——一个可能用于司法判决的大厅。再往东是黄金庭院，它是阿尔罕布拉宫最重要并且最著名的建筑部分之一，虽然只是一个很小的院落，但它极其精美华丽的石膏花饰外墙，构成了穆罕默德五世宫殿的主入口。爱神木庭院（又称桃金娘庭院）明显大得多，其纵向几乎全被一个狭长的水池占据。从那里经入口穿过雅致的摩尔式建筑风格的外墙，可以进入正方形的使节厅，厅内装饰有大量的彩釉瓷砖和石膏花饰，那里视野开阔，可以远眺山谷。它是否用作国王的接待大厅，目前仍有争议。

阿尔罕布拉宫最著名的景观是狮子庭院及其一系列建筑，这些建筑围庭院而建，均带有摩尔式建筑风格的柱廊，而且上面饰有金丝、银丝。所谓的国王厅的天花板上的壁画大约是14世纪所绘。从狮子庭院同样可以进入两姐妹厅，它的名字来源于一个内容轻浮而又略带忧伤的传说：据说被囚禁在那里的两姐妹，由于欲望得不到满足，最终郁郁而亡，因为虽然她们能看到花园里的情欲场景，却又无法参与其中。这座大厅有一个巧夺天工、艺术价值极高的穆卡纳斯[①]穹顶——一种经典的伊斯兰钟乳石穹顶，会让人联想到钟乳石洞。

塔楼从外部看造型乖张，功能性很强，内部则别有洞天，尤其是儿童塔，它们是纳斯里德王朝统治期间最后一个比较大的建筑工程。阿尔罕布拉宫下方是赫内拉里菲宫的花园——"花园中最高雅的杰作"，内有供水设施，中间是一座别苑。

在伊斯兰建筑艺术方面，阿尔罕布拉宫虽然是一个杰出的代表，但并不是创新之作——就如纳斯里德王朝在宗教上不忘其本，建筑上他们也秉承古典主义风格，也就是保守的风格。不管在建筑方面，还是艺术领域，阿尔罕布拉宫都是西方伊斯兰地区具有代表性的整体艺术作品——对于伊比利亚半岛伊斯兰统治末期通常被视作附庸的哈里发王朝来说，是非常了不起的。

莱奥波尔多·托雷斯·巴尔巴斯（Leopoldo Torres Balbás）是研究阿尔罕布拉宫的先驱，他曾经写道：阿尔罕布拉坐落在格拉纳达市的最高峰上，就像一艘大船停泊在内达华山脉和平原之间。年代更久远的一位伊斯兰诗人把它称作萨比卡山的红宝石，又将萨比卡山描绘成格拉纳达市的王冠。1829年，美国作家华盛顿·欧文

[①] 穆卡纳斯（Muqarnas），伊斯兰建筑中一种装饰拱顶的形式，将"斜角或冲天或几何形状他细分成许多微型斜角，产生一种细胞结构，有时也称"蜂窝拱顶"，在某些元素向下突出的地方，也会称作"钟乳石穹顶"。——译者注

在他的《阿尔罕布拉宫》一书中写道，它能够唤起昔日的梦想，激发想象力。

对大多数游客来说，阿尔罕布拉宫就像《一千零一夜》的发生地，不过是在欧洲或者在其南部边缘地带。他们期待能看到，故事中著名的哈里发哈伦·拉希德缠着头巾，在某一间如画般的大厅里挥手致意。这位哈里发虽然在历史上存在过，但既不是《一千零一夜》中人物形象的原型，也并非生活在阿尔罕布拉宫的时代，更没有踏足过欧洲的土地。

穆罕默德的继任者没有他的政治手腕和外交策略，不过由于西班牙基督教统治者的软弱，才能够保全他们的苏丹国免遭灭顶之灾。1431 年，卡斯蒂利亚大军打到了格拉纳达的城门之下，这是一个暂时的不祥之兆。自 15 世纪中叶起——奥斯曼人在地中海的另一端征服君士坦丁堡期间——对于俨然已是空壳的西班牙的苏丹国格拉纳达，局势已经发生了变化。1462 年，卡斯蒂利亚占领了直布罗陀，切断了摩洛哥对纳斯里德王朝的任何支援，这些支援本是最后的指望了——此时，穆斯林统治者的回旋余地越来越窄了。与此前其他的伊斯兰侯国一样，内部软弱和外敌压境这二者致命地结合在一起，也是毁掉格拉纳达的主要原因。纳斯里德王朝早就岌岌可危了，即便如此，内部还是纷争不断。

与此同时，卡斯蒂利亚的伊莎贝拉一世和阿拉贡的斐迪南二世通过联姻将两个王国紧密联合在一起，大大地提高了收复失地运动的打击力。这两位"天主教国王"——这个头衔是收复失地运动结束后，才由教皇授予的——利用格拉纳达内部的纷争，逐步向苏丹国内部推进，最终包围了这座城市，直至 1492 年 1 月 2 日夜间，经过无休止的谈判以后，摩尔人最终投降。主显节那天，伊莎贝拉和斐迪南进驻了阿尔罕布拉宫。高悬在宫殿上方的新月被摘下，升起了基督教的旗帜——伊比利亚半岛穆斯林统治的时代延续了将近八个世纪，最终宣告结束。

纳斯里德王朝结束后，阿尔罕布拉宫变得安静起来。哈布斯堡王朝皇帝查理五世，也是第一位真正的西班牙国王卡洛斯一世，因为他同时拥有卡斯蒂利亚和阿拉贡的王冠。1516年，他登基为西班牙国王，随后开始在格拉纳达的城堡山上修建一座文艺复兴宫殿。然而，这一计划就像是不可完成的任务：要用一座方形的宫殿建筑将一个圆形庭院围合在中间。但这项工程并未竣工，因为查理五世几乎没有时间顾及西班牙，而是将主要精力集中于同法国和奥斯曼人的战争。作为祖父马克西米利安一世的继承人以及神圣罗马帝国的皇帝，他还得应对那里宗教改革带来的震动。因此，除了纳斯里德王朝的穆斯林宫殿以外，再没有修建同等规模的基督教宫殿。18世纪初以来，曾经如此富丽堂皇的阿尔罕布拉宫的建筑坍塌日益明显，直到19世纪，它们逐渐被重新发现，并且最终得以保存和修复。今天，阿尔罕布拉宫不仅是现代西班牙令人印象最深刻的摩尔艺术瑰宝，而且也是该国参观人数最多的文物建筑。

1492年，这是西班牙的命运之年，西班牙有三个方面的事情与阿尔罕布拉宫相关。"天主教国王"伊莎贝拉和斐迪南占领了这座引以为傲的苏丹宫殿，并且升起自己的旗帜，这代表了收复失地运动以基督教欧洲欢庆胜利而告终。收复失地也造成了一系列令人惋惜的事态发展，至今仍对天主教会的形象有着极大的损害。跟纳斯里德王朝谈妥的投降条件，规定了保护穆斯林居民，并且尊重他们的信仰，但在教会的鼓动下未能遵守：不皈依基督教的人遭到驱逐。不久以后，在阿尔罕布拉宫签署了另一份致命的文书：没过多久，在臭名昭著的《阿尔罕布拉法令》中，国王下令驱逐所有不愿意皈依的西班牙犹太人。远远超过10万名犹太人不得不离开这片土地，他们占到了西班牙人口的大约八分之一。著名的塞法迪犹太人，也被称作西班牙系犹太人，开始了大流散。

这些值得纪念的事件发生几个月以后，当热那亚探险家克里斯托弗·哥伦布受西班牙委托扬帆向西远航时，他在航海日志中激动地描绘了飘扬在阿尔罕布拉宫上空的基督教旗帜。因为西班牙征讨格拉纳达，哥伦布此前不得不等了很久才开始这段旅程，远航带给他的快慰，同时也要归功于伊莎贝拉的支持，格拉纳达一被攻克，他当场就得到了女王的获准。哥伦布寻找通往印度的海路，发现了不为旧世界[①]所知的一片大陆，后来以另一位发现者的名字将其命名为"美洲"。这一事件带来了正反两方面结果：一方面，它第一次让世界的各个部分彼此宣告了对方的存在，意味着欧洲走向现代；另一方面，以基督教的名义彻底摧毁美洲的高等文明，殖民新大陆并且奴役数百万人，征服新世界也酿造了可怕的恶果。今天，谁若去参观阿尔罕布拉宫，沉溺于对戴着配刀的苏丹、香气扑鼻的哈来姆房间和警觉的太监浪漫想象的同时，可能也会有所深思，宗教和文明在文化上一旦碰撞，远比《一千零一夜》中暗示的更为好战，没有丝毫的诗情画意，最终徒然留下伤害。阿尔罕布拉宫代表了西班牙摩尔人的时代，代表和影响了欧洲的三大一神论宗教的相遇和交流，同时也代表着无知和认为某宗教可以一家独尊这种致命的信念所带来的可怕后果。

[①] 旧世界，1492年哥伦布发现美洲之前地球上三大洲（亚洲、欧洲和非洲）的历史名称，对应的新世界指哥伦布率领的西班牙人发现的美洲。——译者注

九
廷巴克图（马里）

非洲是地球上第二大洲，很可能也是人类的摇篮，它的名字本身就暗示了来自外部的视角，因为非洲一词源自罗马人，罗马人用它来指称今天突尼斯境内的迦太基周边地区，因为那里生活着阿非利人（Afri）。罗马人征服迦太基，摧毁这座城市几十年以后，于公元前2世纪在那里建立了阿非利加（Africa）行省。非洲一词的等值概念随着该大陆的重要性以及对其地理范围的认识不断扩大，很快它就被用来代指北非地中海沿岸整个地区，迈入近代伟大发现的时代，随着关注度的增加，这个名字最终被应用于整个大洲。

当然，不管是现在还是以前，生活在非洲的不是一个民族，而是无数民族。但由于他们的过去很大一部分不为人知，甚至可以说鲜为人知，所以非洲大陆长时间以来被认为没有历史，当然无论在什么时候，这都是无稽之谈。古老的非洲历史似乎被人类的记忆所遗忘，因为那些王国尽管已经达到了很高的发展水平，但是他们没有自己的书写文化。为弥补这一不足，这些王国的众多学科使用先进的研究方法，在过去几十年间共同努力，做了一些开创性的工作。今天，即使是撒哈拉沙漠——曾经的它并非一直是荒漠——也能跟

我们讲述那些文化昌盛的时代。在此期间,也许有一道微光照进黑暗——非洲历史的书写依旧带着外部视角的色彩,并且任由它决定。尤其清晰可辨的是殖民主义的余音,那时整个非洲被强行当作西方世界的物品来对待,甚至在后殖民时代,也从未摆脱这种被当作所有物的地位。无论是作为奴隶仓库,还是作为原料市场,又或者是作为殖民主义的游戏场,再或者实现正式独立以后,作为东西方冲突的竞赛场——非洲被剥夺自决权如此之久,因此,它竭力以真正的自决、负责的态度处理越来越多的回旋,实在是不足为奇。即使到了21世纪,非洲大陆——再次因为它丰富的原材料贮藏——时常也会被工业化国家和新兴工业化国家用各种方式笼络。

早在与欧洲第一次接触前,非洲大陆就知道在北部沿海地区以外,有一个由很多国家组成的世界。在西苏丹,即北非撒哈拉沙漠以南部分,很早就形成了发达的社会:那里的人耕种农田、使用铁器、饲养马匹和骆驼。自公元4世纪以来,这里的国家和王国就一直存在,而且它们肯定不怕与欧洲的国家和王国进行比较。然而,它们彼此之间的联系——它们与有了深入研究的埃及文明和努比亚文明,以及属于特例的埃塞俄比亚——非洲穆斯林地区中的基督教王国阿比西尼亚——之间的联系——还没有得到充分的研究。这些文明包括库施和麦罗埃、加纳古国(传说中的黄金之国,但不要与今天的加纳混淆,加纳希望借用这个名字与位于其北方早已消失的伟大时代有所关联)、刚果和马里、约鲁巴诸王国中的奥约和伊费以及贝宁——后者是殖民时代以前研究最多的王国,此外还有位于今天尼日利亚和尼日尔的豪萨人的城邦文明和位于今天马里的桑海帝国。这些文明的定居点像一条宽阔的条带,从埃塞俄比亚向西一直延伸到大西洋。

在非洲殖民前的晚期历史中——大约自基督纪元以来——对该地区的发展起决定性作用的有三个因素:经济上,骆驼被用作高能的驼畜;由此得以建立活跃的贸易活动,尤其是在穿越撒哈拉沙漠的商队路线上;最后在文化上,自阿拉伯伊斯兰国家不断扩张以来,早期伊斯兰教产生了深刻的影响,而且经常跟旧式的宗教和政治传统,特别是与历经久远的神权君主统治存在冲突。有关撒哈拉大沙漠以南各国最早的记载,来自于公元9世纪阿拉伯人的史料。基督纪年后最初几个世纪里,首先是北非被基督教化,直到7世纪阿拉伯穆斯林征服了非洲大陆的北部,从11世纪起,伊斯兰教开始向南传播,传到了黑非洲[①]。最初是通过贸易往来,因为阿拉伯商

[①] 黑非洲,指非洲撒哈拉沙漠以南的广大地区,因当地居民主要是黑人,故称黑非洲。——译者注

人渴望获得黄金。经济上的接触在许多地方为穆罕默德的宗教铺平了道路，很快地，也伴随出现了军事接触。

廷巴克图坐落在今天马里共和国尼日尔河转弯处，我们对它的了解以及它在世界上的形象，受到了非洲外部视角的强烈影响。对于西方世界来说，廷巴克图与非洲童话有着千丝万缕的联系，那里有充满传奇色彩的黄金商队，他们穿过撒哈拉大沙漠前往地中海，还有富裕程度难以想象的城市，黑人国王在里面过着挥金如土的生活。这座城市充满了渴望的名字再次恰如其分地凸显了这一形象。与北非和埃塞俄比亚一样，关于廷巴克图真实的过去有着相对较多的文献记载，因为那里使用了文字，所以除却欧洲的视角以外，同时代的资料也能提供一些信息。

廷巴克图所在之地是多条贸易路线的交汇点，包括一条重要的穿越撒哈拉的路线，它经由马里北部蕴藏有盐矿的陶代尼，然后拐了两个弯到达摩洛哥的非斯。几个世纪以来，这座城市都深陷于苏丹西部地区的政治动荡中，它不得不一次又一次地适应新的统治者。如果像该城历史上一再出现的那样，政治局势不会妨碍贸易，廷巴克图就可以从跨越撒哈拉的贸易中获得巨大利益。这座城市最著名的是黄金贸易和奴隶贸易，同样具有重要经济意义的还有盐、粮食，以及其他不那么耀眼的商品。向北，穿越撒哈拉，并且通过突尼斯、阿尔及尔或者丹吉尔等地中海的港口，廷巴克图跟欧洲保持着往来，可以从那里进口产品。15世纪中叶，一位威尼斯人把廷巴克图极力推荐给欧洲商人作为贸易伙伴，因为那里的人渴望从北方进口商品。此外，尼日尔河上的贸易也很重要：逆流而上往西南方向会经过杰内，顺流而下往东南方向，那里蕴藏着丰富的金矿。

著于17世纪的廷巴克图编年史中称，它的创建者是公元1100

年前后的图阿雷格游牧民族，不过在很久以前，扎盖人或者马苏法人可能最早使用了这个尼日尔河附近一处水源边上的地方，至少把它用作夏天的营地。这个地方位于非常干燥的撒哈拉沙漠和郁郁葱葱的尼日尔河河谷之间，地理位置十分优越。长久以来，多条重要商路都在这里交汇，通过这些商路，苏丹地区新兴的王国彼此之间，以及跟非洲大陆北部进行着贸易往来。这座城市从图阿雷格人的歇脚之地崛起为商贸中心，正是归功于这种贸易，但是，财富同时激发了人的欲望——从邻国的统治者，到摩洛哥的苏丹，再至欧洲的殖民列强。

廷巴克图最早被提到，是在14世纪一位毅力惊人的旅行者的报道中，不过直到19世纪，这篇报道才重新进入人们的记忆：伊本·巴图塔（Ibn Battuta）出生于丹吉尔，今天那里的机场仍是以他的名字命名的。1325年，他在摩洛哥启程前往麦加朝圣，从此开始了他为期几十年的旅程。在这次最终长达12万多公里的漫长旅途中，除了俄罗斯、中国、苏门答腊、印度和西班牙，他也在1352/1353年游历了廷巴克图。不久以后，这座绿洲城市就被标记到了一本出版于1375年的加泰罗尼亚地图集中。

伊本·巴图塔探访这片商队的绿洲时，它归属于马里王国已有几十年了。马里王国是加纳帝国强大的继承者，当时的统治者是亚塔家族，该王朝的创建者松迪亚塔在基里纳战役中大获全胜后，建立了这个王国。

马里的伊斯兰统治者只要可能，就会去麦加履行朝觐的义务。特别有名的是第十位国王曼萨·穆萨1324年的朝圣之行：这位统治者携带了大量黄金，一路上挥金如土，随后造成开罗的金价跌至低谷。结果，欲购情结令这位君主回程的费用大大增加。这个吸引眼球的故事经过各种添枝加叶，传遍了东西方，极大地塑造了该地区是非洲大陆金库的形象。有关这个惊人财富的广为流传的报道层出不穷,以至于看起来无人不知,无人不晓,在这里可以寻到所有宝藏中最大的一笔。一个名为利奥·阿非利加努斯(Leo Africanus)的非洲人也为这个神话做出了贡献。他出生于格拉纳达,16世纪时从伊斯兰教皈依基督教(教皇利奥十世亲自为他施洗),他写了一本关于非洲的书,这本书在他那个时代广为传阅,当时的基督教世界基本上都是通过它来了解黑色大陆的。

在麦加,国王曼萨·穆萨遇到了一位来自格拉纳达的安达卢西亚学者和建筑师,名叫阿尔-萨赫利(al-Sahilı),并说服他陪同自己前往马里。回程中,他们经过廷巴克图,这位安达卢西亚人就留在了那里,不仅为国王修建了一座王宫,还为这座城市建造了一座大清真寺。这座城市被敌军暂时攻陷以后,又过了几年,国王命人另外修建了一处防御工事,并在当地派驻了常备军,用来保护廷巴克图。

然而,廷巴克图以及曼萨·穆萨与其朝拜途中结识的那位格拉纳达朋友带给它的变化,并未给伊本·巴图塔留下特别深刻的印象:他很快就离开了。不过他总算还是记载到,那里主要生活着马苏法人,他们属于桑哈贾部族的柏柏尔部落联盟。他善意地注意到,廷巴克图和这个王国的居民总体上都是虔诚的信徒,他们尽职地祷告,并且认真研习《古兰经》。不过,他也没有忘记那些离经叛道的行为——例如赤裸的女奴被迫服侍她们的主人,这与教义完全背道而驰。伊本·巴图塔对廷巴克图不留情面的论断,可能与他丰富的旅行经验有关,但也可能是因为在他旅行时,廷巴克图尽管在曼萨·穆萨的统治下实现了最初的繁荣,但的确它还是一个相当不显眼的地方,廷巴克图不仅是一个贸易城市,而且发展成西非地区最重要的伊斯兰学术中心之一。随着津加里贝尔清真寺的修建,曼萨·穆萨成立了一个伊斯兰教研究的场所，由此也开创了廷巴克图成为研修之地的传统。这是第一座大型清真寺，继它之后，又修建了两座礼拜堂，在那里，不仅可以祷告，而且也能够传道和学习。从14世纪开始，伊斯兰世界各地古兰经学校的学生都会前往廷巴克图，因为这座城市在穆斯林心目中已经声名远扬，尤其是作为一座学者之都。廷巴克图的桑科雷大学最迟成立于15世纪中叶，即便与摩洛哥古城非斯的大学进行比较，显然也毫不逊色，而且甚至在开罗，都可以读到廷巴克图《古兰经》学者的著作。

　　研究《古兰经》不仅可以在清真寺，而且也可以在教师的私人住宅进行，他们都有自己的图书馆。据说在1600年前后，这座城市最著名的学者艾哈迈德·巴巴（Ahmad Baba）拥有1600部著作——至少根据他自己的说法。不过他谦虚地指出，他的家族中其他人拥有更多的书籍。这座城市的贸易绝不仅仅局限于黄金、盐和奴隶——商队还从欧洲带来了许多书籍或者昂贵的纸张用于抄录，因为廷巴克图也有誊写社，就像西方的修道院一样，那里会抄写手稿。

　　来自大约20个私人图书馆的大量图书历经时代沧桑，幸存了下来，其中最古老的书籍可以追溯到15世纪。除了联合国教科文组织，许多伊斯兰基金会也为保护它们做出了贡献。

　　但是，基督教欧洲更感兴趣的显然是黄金财富，而非知识和学问。事实上，14和15世纪流入北非的黄金中，有三分之二经由廷巴克图这个贸易基地，其中大部分被欧洲所得，尤其是用它们铸造货币，而这些货币又在世界各地的商业中心流通使用。在欧洲人的印象中，廷巴克图成为了这些黄金的来源地，并且获得了与人们曾在南美不懈寻找的传说中的黄金国埃尔多拉多类似的神话地位。

自 14 世纪末以来，王位之争、权力流失和王国衰败等其他典型现象一直困扰着马里，1433 年，马里王国失去了廷巴克图。此后，桑哈贾的一位总督统治这座城市数十载，但是在 1468 年，这个商队绿洲就已落入了桑海帝国的手中。对廷巴克图来说，这一时期意味着繁荣、富足和一定程度的自治，不管在经济上，还是知识领域，这座城市在伊斯兰世界的功绩和声誉都有所提高。但桑海帝国也难以为继，主要是因为国都加奥爆发了激烈的王位之争。于是在 1591 年，廷巴克图又迎来了新的统治者，这次是从摩洛哥来的。1591 年，在决定性的汤迪比战役中，因为摩洛哥人刚刚拥有了火器，桑海帝国在人数上的优势并没有发挥多大作用。

　　在摩洛哥看来，对被占领地区的监管和开发太过于麻烦，于是廷巴克图和前桑海帝国的大部分地区在被漠视的情况下，经历了动荡不安的时代，直到 1894 年法国人入侵。1960 年马里宣告独立建国之前，这座城市都处于法国的殖民统治之下，但依然处于与世隔绝的状态，尤其是因为虽有计划要修建一条跨越撒哈拉沙漠的铁路，用于开发北非殖民地经济，但从未动工。独立也没有让没落和被忽视的状态得到太大改变，原因主要在于，如今的民主国家马里将首都定在了位于河上游的巴马科。当时，还没有修建从巴马科南部向北的公路。不过正因如此，这座城市如今得以拥有自己的机场。从那时起，廷巴克图主要是一个旅游目的地，也是非洲阿拉伯文化的重要文献中心，但更重要的是，它是一座贫穷的城市，它所属的国家是世界上最贫穷的国家之一。

　　今天的廷巴克图还保留有一些古老的建筑，其中许多已被联合国教科文组织列为世界文化遗产。曼萨·穆萨的王宫已经不复存在了，他的防御工事同样所剩寥寥。不过，那三座古老的清真寺保存了下来，它们以独特的风格由黏土建成——墙面上布满了像刺猬的刺一样的木棍，这些黏土建筑总是需要修复，这时木棍就会被工匠用作梯子。

廷巴克图的骄傲是津加里贝尔清真寺，它是由那位来自格拉纳达的国王旅伴在1327年修建的。它有两座宣礼塔，可以容纳2000名信徒，他们可以在柱子之间朝着麦加的方向祷告。桑科雷清真寺以及西迪叶海亚清真寺始建于15世纪上半叶，它们合在一起即是廷巴克图的大学。来到廷巴克图居住的著名欧洲人的房屋，也被列为保护对象。

19世纪，廷巴克图在西方世界已经成为一个遥远的、充满魔力的地方的化身——这座城市的名字甚至被用作一个永远到不了的地方的代名词，因为欧洲人虽然熟悉这座城市，但却不知道它究竟坐落在哪里。竞争变得轻松了，这在大发现时代并不罕见，因为吸引冒险者竞争的不仅仅是对个人荣誉的渴望。欧洲新兴的大国也想

从这些发现中获利，于是便涌现出许多私人或国家资助者，为探险提供资金支持。由于非洲的金矿被神化得难以想象，而廷巴克图仍然被视作通向那里的门户，所以许多欧洲人纷纷踏上前往之路，然而他们之中的绝大部分人都丧生于穿越撒哈拉的艰苦旅途。即使他们来到廷巴克图，要想抵达黄金产地，还得继续前行：直到今天加纳境内的西非的沃尔特盆地。

就廷巴克图来说，争夺这座传奇城市重新发现者头衔的主要是英格兰和法国。法国地理学会甚至悬赏一万法郎，寻找成功到达廷巴克图的人。

首位抵达者据说是一个英国人，他在1826年来到了这座童话般的绿洲城市：年轻的少校亚历山大·戈登·莱恩（Alexander Gordon Laing），他已经开始找寻尼日尔河的源头了。然而他未能透露更多到达廷巴克图时的情况。对于这位新婚少校和他率领的队员来说，从的黎波里经撒哈拉沙漠前往这座对欧洲来说下落不明的城市，这条路非常艰辛：莱恩饱尝发烧的折磨，遭到突然袭击和抢劫，并且身受重伤。虽然他到达了廷巴克图，但是刚踏上回程之路没过几天，就在撒哈拉沙漠被谋杀了。

两年之后的下一个来访者是法国人勒内·卡耶（René Caillié），他是一个孤儿，面包师之子，瘦弱的体格让他看上去并不像天生的冒险家，但是自孩提时代起，他就向往遥远的国度。卡耶能够尽情享受胜利的时间要更长一些，他从根本上为这件事情铺平了道路：他学习过阿拉伯语，研究了伊斯兰风俗，成功地伪装成穆斯林，并且加入了当地的一支商队。1828年4月20日，他到达了廷巴克图。莱恩留下的最后的证明文书中指出，他的到来令这座城市非常紧张。这个描述显然夸大了实际情况。与莱恩不同，卡耶提供的证明文件更注重真实性，因为虽然能感受实现目标给他带来的满足感，但他笔下的廷巴克图并没有被描绘成一个富庶的贸易城市，有着纯金做的屋顶和宣礼塔，而是一座破败没落的小城，那里最多生活着12000名居民，就是一个偏僻的小地方，压根见不到什么黄金贸易。这座城市曾经有过伟大的时代，但是它的辉煌已经所剩无几。

返回法国以后，卡耶受到了高规格的表彰，获得了地理学会的奖金，他还能够享受十年发现带给他的荣誉，直到死于一种大概在非洲染上的疾病。

但廷巴克图重新发现者的头衔可能属于一位美国人，遭遇海难的水手罗伯特·亚当斯（Robert Adams）。1816年，他将经历著书出版，并且在书中宣称，曾经到过廷巴克图。由于该书像当时同类报道常见的那样，在细节上添枝加叶，各种粉饰，所以大多数人对亚当斯是否亲历过廷巴克图持质疑态度。需要指出的是，这座城市并没有从非洲消失，而是沉寂于世界其余地区看不到的角落。因此，廷巴克图比其他任何地方都更适合用作外部视角下的非洲大陆的象征，这一视角更多是对观察者的说明，而非观察者所认为的，毫无偏见地观察到的东西。

即便欧洲已经能够在地图上确切地标出了廷巴克图的正确位置（北纬16°46'，西经3°01'），这座城市依然具有传奇色彩，是童话般憧憬的寄托，是不存在的事物的化身。维多利亚时代的英国有"从这儿到廷巴克图"这样一句俗语，意思是"遥不可及"。在卡尔·巴克斯创作的唐老鸭的故事中，屡屡出现廷巴克图的名字，每当以反面角色示人的唐老鸭遇到打击，绝望地奔向乌有之地时，指向那里的牌子就会标识有这座西非城市的名字。在保罗·奥斯特感人肺腑的小说《廷巴克图》中，这座城市代表了天堂，奄奄一息的小主人将它作为庇护所许以他的狗。

十
复活节岛（智利）

地球上或许没有一座岛屿比南太平洋的复活节岛更偏远。不要把它混淆于距离澳大利亚西海岸几十公里远的复活节群岛，它们没那么偏僻，不过显然也没那么知名，尤其是无人居住。复活节岛位于智利大陆以西3600公里处，与它距离最近且有人居住的岛屿是皮特凯恩群岛，即便如此，仍相距2000多公里。今天，复活节岛被当地居民称作拉帕努伊（Rapa Nui）。这座三角形岛屿面积将近164平方公里，岛上有三座火山。第一批欧洲人到来之前，岛上的居民虽然给自己一览无余的家乡之每个地区都起了名字，却没有给整座岛屿命名，因为他们既没离开过那里，也未曾有人来到过岛上。因此，对他们来说，没有什么理由要为区分一个不知道的世界，而在语言上给他们的家乡一个整体定义。第一批欧洲人到达这座岛屿时，他们无不震惊于令复活节岛至今仍名扬天下的巨石像。

由于远离大陆以及波利尼西亚群岛的地理位置，首先令人不可思议的是，复活节岛上很早就有人定居了。尽管地处亚热带，这座岛屿相对凉爽、多风，周围的寒冷海域也没有过多鱼类。它虽然有着肥沃的火山土，但与波利尼西亚群岛的其他岛屿相比，

年降水量更少。

从语言学、考古学、遗传学和人种学发现来看,定居复活节岛上的人是从西方来的,来自于波利尼西亚。岛上种植的经济作物主要来自于东南亚。波利尼西亚人显然是有计划地建立定居点的。公元前 1200 年左右,他们开始海上移民,令人惊讶的是竟然逆着南太平洋的风向和洋流。他们的定居行为之所以值得注意,还因为即便是经过海洋检验的维京人[①],在这一航海技能的明证面前,也得自叹不如。第一拨移民最远到达了萨摩亚群岛,直到 1500 年以后,才有人在位置更偏东的岛屿定居。在复活节岛定居的人可能来自于曼加雷瓦、亨德森或皮特凯恩岛,也就是说从大约 2000 公里以外

---

① 维京人,别称北欧海盗,从公元 8 世纪到 11 世纪一直侵扰欧洲沿海和不列颠岛屿。——译者注

的地方而来，这在科学上已经得到了证实。但是移民是何时发生的，在这一点上仍存有争议，很可能并非早前猜测的公元4世纪，而是公元900年前后，如今还有些学者甚至认为直到公元1200年才发生。

在鼎盛时期，复活节岛可能有多达3万名居民。这些人以相当密集的农业以及当时种类繁多、就地可取的动物和植物为生，而且还养鸡，直到今天，石头砌的鸡舍都是这里独特的风景线。

社会分化不仅体现在巨石头像上，因为专业工匠要雕刻石像，所以必须免除他们单纯地获取食物的义务，此外，运输和置放石像也得组织大量人力。早期房屋的遗迹也证实了社会差异，因为有些房屋更靠近海岸和巨石头像，它们建得比较大，也需更加精心；穷人则居住在远处偏内陆的简易屋棚中。与其他波利尼西亚社会一样，这座岛屿划分成了大约12个氏族区，但不同于其他岛屿的是，他们拥有一个共同的首领，虽然他们并非总是和平共处。这种和睦共处可能是不同地区之间彼此依赖造成的，例如雕像的"辅料"分布不同：不同种类的岩石以及制造必要工具的材料。

遍布岛屿的这些石头巨人令复活节岛举世闻名——岛上居民可能创作了多达1000座巨型石雕。它们也被称作摩艾石像，最高21米，最重270吨，令这座偏僻的岛屿在文化上独具一格。最重的那座石像是在采石场发现的，尚未完工——它从来没有被竖起来过。还有一个重要问题是，如何能竖起来。大多数石像虽然"只"有4米高，重量不超过12吨，但是也得把它们从制造地运送到置放地点。这些雕像主要由一个巨大的头部组成，相形之下，上半身比例缩小很多，腰部以下则完全被舍弃。每一座雕像都截然不同，即使造型一成不变，也各具特色。它们大多矗立在海边，在远离海水的地方俯瞰着内陆。它们的眼睛原本是白色珊瑚石制成,瞳孔则使用了浅红色的岩石或者火山玻璃黑曜岩。如此完工以后,这些雕像看上去栩栩如生,但又令人有些许不安,就像一个巨人默然地凝视着天空。然而,因为这些眼睛是可以取出来的,后来岛上的居民为了粉刷房屋,将它们烧成了石灰,如今只能找到少许遗留了。还有一点不清楚的是,这些雕像始终被装上眼睛,这样看起来更生动,还是仅在特定仪式或节日时才安装的。因为早期来访的人显然没有报道过这些令人印象深刻的眼睛,最多也就提到空荡荡的眼窝。

岛上每个地区都有自己的雕像,雕像基座里安葬着祖先火化后的遗体。不同于其他波利尼西亚岛屿,复活节岛在很长一段时间里都是对死者进行火葬。这种状似平台的基座被称作阿胡(ahu),经研究人员确认,整座岛上一共有大约300个阿胡,最高达到了4米,原始宽度可能约150米,其中113个阿胡上面立有雕像,数量从1个到15个不等。

复活节岛的巨石像或许是东波利尼西亚类似建筑的衍生品:那里同样有用石头砌筑的用于安葬死者的平台,不过平台上修建的是庙宇,或许也有石头雕像,偶尔是木头雕像——不过规模要小得多。

经过长时间研究,这些雕像是神祇造像的这种推测并未得到证实。它们最有可能是为了纪念受当地人尊敬的地位很高的重要祖先而建。这些雕像以其宏伟和威严,在生者同亡灵的世界之间建立起联系,意在保护岛屿和岛上的居民。与大溪地或者夏威夷相比,复活节岛上的社会跟氏族关系更紧密,氏族逝去的祖先被赋予了重要的保护功能,保护房屋和田地也是他们的责任。不朽的石头保存了先祖的精神力量——类似于欧洲石器时代的巨型独石。雕像手放在腹部的位置符合波利尼西亚和新西兰的风俗习惯,用于表达对仪礼常识和口述传统的保留。这些雕像也许蕴含有吗哪（mana），它是一种充满创造力、具有宗教性的原始自然力，对于波利尼西亚人非常重要。

随着时间的推移，复活节岛上的雕像越建越宏伟，有史以来最大的雕像也是年代最晚的一座。那些平台最初根本没有雕像，历经几百年的时间，大概在公元1000—1600年之间，规模也越来越大。再晚一些的时候，又给雕像加上了用火山渣制成的圆柱形"帽子"，这些"帽子"被称作普卡奥（pukao），本身就重达数吨。人们要先把它们安置在雕像头上，然后再费力地将雕像竖立在预定的位置。

因为这些岛屿并非中央集权，而是由各个氏族联盟管理，所以雕像的规模越来越大，或许是某种竞争所致：好胜心促使氏族联盟尽其所能，将雕像越造越魁伟，在一段时间里，它们竞相攀比，但同时又不得不解决运输及置放这两个也很重要的问题。那座用岛上火山岩雕凿而成的最大的石像从未离开过采石场，或许并非是巧合。

如同西欧的巨型独石，尤其是巨石阵的石圈，摩艾石像在很长时间里也是难解之谜，例如它们是如何在位于岛东部同名火山边的拉诺拉拉库（Rano Raraku）采石场制造出来的，又是怎样被运送到指定地点并且在那里竖立起来的。毕竟，复活节岛上的居民既没有轮式车辆，也没有驼畜，亦没有金属工具可以使用。

在此，免不了得提到瑞士的酒店经理埃里希·冯·德尼肯[①]，多年来，针对大量臆想中的世界之谜，他提出各种博人眼球的理论，推测这些雕像的创造者——同类其他情况亦如此——是来自外星的

---

① 埃里希·冯·德尼肯（Erich von Däniken），出生于瑞士祖芬根，自中学时代起就开始研究古老的圣书和未解的考古之谜，年轻时曾任酒店经理，在此期间撰写了大量相关文章以及著名的畅销书《回忆未来》，并一举成名。他主张外星生物创造论，认为远古文明引诱太空人帮助，而远超现代科技，但因发生大灾难而毁灭。——译者注

远古宇航员。在遥远的史前时代,他们曾流落在这座岛上,在被接走之前,用这些"机器人般"的巨像留下了永久的痕迹。这也解释了那些未完工的雕像,外星人仓促离开以后,当地人自然无法完工。但是,即便没有从宇宙寻找原因,18世纪的欧洲探险家们同样鲜少相信,复活节岛的"原始"居民能够掌握完成如此复杂的工作必备的技能和组织才能。

不过,尽管有种种不可思议之事,考古学家还是借助于岛上采石场等地方追寻到了巨石像的创造者:正是复活节岛自己的居民。

拉诺拉拉库采石场的石匠显然是在一夜之间舍弃了工作岗位,留下的不仅有处于各种施工阶段的雕像,还有他们的工具,这样一种现状结合大量实践测试,可以还原巨像的雕凿工作。根据口头传说,石匠属于岛上最受尊敬的人。他们无须操心自己的饮食问题,而是由氏族联盟的成员负责供给最好的食物。

因此,这些享有特权的石匠可以安心地工作,能够钻研特殊技能和工具,并且研究出一种技术,从而可以使用岛上特别易于加工的凝灰岩雕凿巨大的石像。首先,从岩石上开采出一块略长的石块,在上面大致凿出脸部和正面。然后,雕刻耳朵、胳膊和手等细节,再把它从地上抬起来。

为了运输,专门修建了道路,从采石场一直通到安置地点,而且始终是下坡。将这些庞然大物送至数公里以外,其过程大概类似于修建巨石阵或者埃及的金字塔,利用了架设在木头轨道上的木制滑橇。当然,在有轨道路上进行这种运输需要许多人力,但通过计算和试验可以得知,从人员规模上来看,复活节岛的氏族联盟具备这种条件。

即便将巨石像竖立起来非常困难,实地研究人员也成功地模拟了这个过程:首先,堆出一个斜坡,坡度平缓,一直通到摆放雕像的平台。然后，底部在前，将平躺着的雕像拖至平台上。最后，借助于杠杆和支撑物将这个石头祖先一点一点地立起来。为了确保雕像在最后关头能够稳定地垂直而立，不会向另一侧倾斜，所有的辛苦也不至白费，石匠并没有将雕像的底座完全加工成直角，而是让它稍带些许斜度，这样就可以避免倾倒。然而，正如事实证明的那样，即便这样，也并非次次都能成功；运输的过程中也屡屡发生事故。

在复活节岛上，依然可以见到用于雕凿巨像的岩石，但是当第一批欧洲人到达这座偏远的岛屿时，已经无法在那里找到其他辅料了。因为这座岛屿并非一直都像今天呈现出来的那样，是块不毛之地。那里曾经有一片亚热带森林，灌木茂密。然而在18世纪，就已经没有比较高大的树木生长了，这也是为什么欧洲人第一次到访时，会注意到那些不适合出海的简陋船只。与其他时代的其他社会一样，复活节岛的居民也过度开发了他们的自然资源，这在某个时候对敏感的生态系统产生了巨大影响，摧毁了大部分他们赖以生存的东西。各种现代研究方法，例如花粉分析或者放射性碳法，对于重现岛上社会的衰亡起到了很大帮助。

人类定居复活节岛的头几个世纪，岛上居民建立起一种越来越高效的农业。然而，除了要有多余的粮食供给忙于雕刻石像的专业人员，他们还需要大量木头用于造船和雕像的运输。分析表明，17世纪时，原本产于岛上的比较高大的树种消失了，特别是一种类似于智利酒椰子的树种，消失的还有其他20种树木，它们可用于制造运输雕像不可或缺的绳索。这种过度开发的后果在于，对于社会和宗教都十分重要的造像工作出现了不确定的材料短缺。此外，对动植物界、鸟类和动物的生存，以及农用土壤质量也产生了巨大的影响。火化死者和取暖变成了奢侈的事情——前者已告停，对于后者,即便在多雨湿冷的冬夜采暖,也已改用热值较低的差一些的材料。日益堪忧的,尤以食物的供给状况为最:野生动物灭绝了,没有适合捕鱼的船只,由于水土流失和土壤疲乏,又得不到足够的营养补充,农业产量也急剧下降。于是便出现了饥荒。把欧洲人到达时岛上的居民人数和考古研究推算出的现代估计人口数进行比较,就可以看出,饥荒的结果多么戏剧性。此外,在没落时代的垃圾堆里——以及人类的集体记忆中——也可以找到被迫同类相食的证据。从同一史料来源还找到了更早时期的证据,它们可以证明岛上居民的饮食曾经非常丰盛,营养均衡,并且种类多样。

造成这一戏剧性变化的原因,不仅仅是为祖先造像的传统以及建造比邻近氏族更大、更魁伟的巨石像的好胜心越来越强烈。岛上的生物和地质状况因树木的减少而变糟,又因此加剧了树木的减少,由此恶性循环,也是原因之一。不管怎样,巨石像文化对于复活节岛居民过度开发自然生存基础起到了极其巨大的影响。不仅材料和附属物件出现短缺,被派去合作劳动的人的饮食也出现了问题。最终,无法再生产出多余的食物,不能再为这些人提供必需的生活给养。17世纪初,建造平台和雕像的工作被终止,大规模的农耕经济也被放弃了。

生存斗争必定是激烈的,而居民们无法离开他们的岛上家园这一事实又将其变得更加戏剧化。与玛雅人的热带雨林城市因出现政治和经济问题而消失一样,复活节岛的衰落也导致了酋邦政治体系的危机——社会共识崩塌了。对于随之出现的1680年前后的战争冲突,考古学家找到了大量的凭证。房屋逐渐坍塌,农田荒废,人们逃进山洞。最终,大量武器散落在地面,留下了战争的痕迹。

随着旧秩序的没落,不再确定子孙后代是否生活无忧,对宗教的依靠和禁忌的力量也逐渐消失,而在波利尼西亚人的认知中,禁忌原本发挥着极其重要的作用。欧洲人第一次到达复活节岛的时候,这种发展正如火如荼地进行着,先后抵达复活节岛的四支船队提供的一些证明之间存在差异,可以用这种戏剧性的巨变来解释。越来越多的曾经如此受人崇敬的雕像被推倒,以至于在1838年就确证,仍然立着的雕像只剩最后一座。此外,曾是祭祀场所一部分的平台也被亵渎,它们的石头被挪作他用。从那时起,岛上的文化遗产就沦为了废墟,直到最近,一些雕像才被重新竖立起来。

1722年,一个欧洲人第一次踏上这座偏僻的岛屿——至少是业已证实的第一人,即使他只停留了短短几个小时。这位荷兰船长雅各布·罗格文(Jakob Roggeveen)和他的船员受西印度公司委托寻找"南方大陆"——长期以来被认为存在于地球南部的假想大陆。他们从合恩角进入南太平洋,在复活节这一天到达了一座不知名的岛屿,他们在岛前短暂停泊,并且按照日历就将这座岛屿命名为复活节岛。船长本人一直待在船上,但是部分船员上了岸。其中有一位名叫卡尔·弗里德里希·贝伦斯(Carl Friedrich Behrens)的年轻德国人,他跟一位匿名的荷兰水手一样,后来将自己的印象写成一篇游记发表,读者甚众。通过这两个人,欧洲第一次了解到这座有着神秘巨石头像的偏僻岛屿。岛上居民怀揣好奇心友好地欢迎欧洲人,欧洲人震惊于那些巨大的雕像,他们不相信岛上的居民有能力制造并把它们竖起来。因为当地居民的独木舟明摆着质量低劣,而且岛上显然没有比较多的森林资源,无法提供木头用于制造竖起巨像所需的支架。罗格文用文字描述该岛屿为"独特的贫穷与荒芜"。

下一个到来的是西班牙人:唐费利佩·冈萨雷斯·德阿埃多(Don Felipe Gonzales de Haedo),1770年,他将这座岛命名为圣卡洛斯,至少在形式上将其列入西班牙的领地。几年以后,詹姆

十 复活节岛(智利) 123

斯·库克（James Cook）来到这座岛屿，他怀有与罗格文同样的目的，想找到假想的南方大陆，在此之前，他已经向南推进到了从未有人去过的地方。在这段旅途中，船上载有大量富含维生素的酸菜，以此消除船员对坏血病——一种因缺乏维生素引起的可怕疾病的恐惧。在往北返的途中，库克造访了太平洋上的多座岛屿，其中在复活节岛上逗留了两天，在那里，他没有发现任何田园牧歌式的地方：石像散乱地倒在地上，而且大部分都受到损坏。此外，居民的人数似乎比罗格文所述要少得多。他们很惊恐，躲在山洞里生活，给库克及其一起造访的人留下了一种饥饿难耐的印象。今天，我们已经知道，为什么呈现在库克面前的是这样一番景象了。库克觉得这座岛屿毫无趣味可言，不值得一探究竟。1786年，受法国国王路易十六的委托，由让-弗朗索瓦·德·拉佩鲁兹（Jean-François de La Pérouse）率领的一支横跨整个太平洋的大型科学考察队终于在复活节岛登陆。

从那以后，欧洲人一次又一次来到复活节岛，加剧了那里的贫困，在一定程度上造成了那里的人口下滑，因为他们带去了疾病，当地居民对这些疾病毫无免疫力。还有一些复活节岛的居民被拉走充当奴隶或强迫作劳工：1862/1863年，一场围绕奴隶问题的内战在美国风起云涌，岛上1500名居民，即大规模减少后剩余人口的一半，被强行运往秘鲁。1872年，复活节岛上只剩下了111名居民。1888年，该岛最终被智利吞并，居民被移居至牧羊场，必须在那里从事强迫性劳动，八十年后才被承认为智利公民。如今，复活节岛上的几千名居民主要靠旅游业生活。

演化生物学家贾雷德·戴蒙德在他的著作《崩溃：社会如何选择成败兴亡》一书中，在有关复活节岛的章节中，归结了南太平洋一个与世隔绝的岛国社会戏剧化且悲剧性衰落的所有因素——但是他的分析，绝非所有的研究同行都赞同——并对 21 世纪初的全球形势进行了比较：数个世纪以前，复活节岛上的人愚昧荒谬，而今天，一旦涉及地球上迫在眉睫的气候变化、其后果以及对其的遏制，我们与他们一样，也是盲目和无知的。就像他们一样，我们对自己的所作所为造成的长期后果视而不见——尽管我们掌握的知识远远不止于此，最后一棵树被砍掉以后，新树并不一定会重新长出来。但是，正如复活节岛上的人没有办法迁往别的岛屿，我们也不可能迁往其他星球。历史是对过去的回顾，有时也可以成为未来的前车之鉴。

十一
马丘比丘（秘鲁）

美国的公路电影《摩托日记》中，有一个关键的场景发生在印加古城马丘比丘。在这部电影中，后来的革命家埃内斯托·切·格瓦拉与一位朋友进行了一次穿越拉丁美洲的教育之旅。旅行之初，这位阿根廷的医学院学生是一个无忧无虑的乐天派，但面对各地的极度贫困、剥削和疾病，23岁的格瓦拉发生了意识上的转变。最后在来到这座属于一个没落文明的废墟城市时，这位医科学生的内心觉醒了，对生他养他的这片大陆产生了新的历史认识，他深刻体会到自16世纪西班牙征服以来它所遭受的苦难。尤其在看到古代印加帝国这座像是受到诅咒的废墟城市时，格瓦拉意识到，拉丁美洲必须有所改变。

格瓦拉这次有历史意义的摩托之旅发生于1952年，他穿越了拉丁美洲，其间在马丘比丘短暂停留。就在四十年以前，历史学家和后来的美国参议员海勒姆·宾厄姆在秘鲁安第斯山脉发现了这座传说中的印加古城，电影中的主角印第安纳·琼斯就是以他为原型创作的。马丘比丘的"发现"与哥伦布到达美洲类似：发现只是对西方世界而言，当地人从未失去过这座城市。海勒姆·宾厄姆在当

地一位农民的帮助下,利用来自库斯科城的一条具体线索抵达了马丘比丘。

马丘比丘海拔将近 2500 米,坐落在两座陡峭的山峰之间一处平缓的马鞍状垭口上,俯瞰着乌鲁班巴河,四周是树木繁茂、令人震撼的安第斯山脉。宾厄姆不清楚,昔日这座城市为什么会被遗弃——西班牙人虽然寻找过它,但是徒劳无果,从石头废墟上也看不出任何武力征服或者居民仓促逃亡的痕迹。因为占据着有利的战略位置,这座城市也得到了很好的保护。他在这座梯地城市的羊肠小道和陡峭的梯台上惊讶地发现了保存很好的建筑,如马厩和谷仓,庙宇和带着梯形窗洞的建筑,以及由精确加工过的大块方石砌就的干墙①,这些石块严丝合缝地拼接在一起,即使没有使用灰浆,

---

① 干墙,指建筑墙体水分被蒸发完后干燥的状态。——译者注

也几乎毫无损伤地度过了数百年，令人印象极为深刻。这座城市占地100公顷，有200座建筑，原本可能有大约2000名居民。根据放射性碳年代测定，它建于1450年，印加帝国最重要的国王帕查库特克的统治时期。从布局上看，它类似于都城库斯科地区的其他城市，但规模要小得多。

进城的通道是东南方狭窄的太阳门，不过它是在印加帝国灭亡后才有了这个名字。这里属于城市中地势较高的地区，进城后要先穿过一个当时或许就已经荒废了的有采石场的地区。接着是一片规模较小的区域，里面的房子紧连三道围墙而建，大概是一个普通的住宅区。相邻的塔楼区四周是专门的隔离墙，只能从主阶梯进入。这里可能是城中精英阶层居住的地方，根据印加帝国严格的社会结构，与城市的其他部分明显分隔开。在印加帝国的其他城市也可以感受到这种明确的区分。塔楼是一座几米高的坚固建筑，建于一块岩石之上，可能用作天文观测台。它被围在带有壁龛的大厅里面，而且岩石中有一个相当开阔的洞窟。这两者都有可能用于祭礼，例如葬礼。

对面是所谓的"印加之屋"，不过它太容易靠近，因此不可能是城市执政官的住所。它的实际用途，至今仍不清楚。打造得最精心、围墙最坚实的建筑可能是祭司的住所，它们坐落在或许用于宗教庆典的"神圣广场"边上。主神庙三面为封闭式围墙，没有窗户，正面开放，朝向广场，神庙后部有一座祭坛，其上方的墙体内嵌有17个壁龛。旁边的"会堂"可能是祭司集会的场所。此外还有两座神庙，其中一座有三扇窗户。鲜少的考古发现只能对这些建筑物的用途做出有根据的推测。

有着专用入口的祭祀中心是位于城市最高处的观日台——拴日石（Intihuatana），从神圣广场有阶梯可以抵达。这里的山岩经过打凿，越过两个平台便可抵达一处高台，高台之上还有一级岩石台阶，其上又会有一小块岩石更高一些。这块岩石的顶部被打凿成拴日石，拴日石是一种日晷仪，根据它的阴影可以追踪白天的长度和太阳年的光阴流转，其中包括确定冬至和夏至。这块岩石周边的其他地方，也有凿刻或者造型，但是出于何种祭礼原因，如今已无法全然了解。

因为使用的材料不耐久，所有建筑物的屋顶结构都没有保存下来。不过最近，有些建筑被加上了传统的印加风格的屋顶，以供展示，民族学家和考古学家证实，它们在很大程度上还原了真实情况。

城市中间坐落着一个阶梯式大型建筑群，在现代被命名为"太阳广场"。它将上城区和下城区分隔开，上城区被称作阿南（hanan），包括各种仪礼场所，下城区取名为乌林（hurin），是一个明显不算考究的区域，建有非常简单的住宅建筑，并且有进一步的细分。这座城市显然正在扩建中，至少可以从马丘比丘西北角下城区一个未完工的部分推断出这一点，此外，这部分还有一个原本临时的活动坡道，用于运送建筑材料。干旱时期，有一条水渠为城市四周的梯田提供水源，那里种植了土豆、玉米、棉花和藜麦（也称作印加水稻或者安第斯黍米），之后水渠又穿过上、下城区，将水注入各个水井。一般来说，城中的居民不会遭受缺水之苦。印加人是梯田建设的专家——马丘比丘的梯田设计得也非常专业，直到今天，都没有被冲走或滑坡。然而，与面积是其两倍的城市相比，耕地面积相对较小。此外，考古学家在外墙下方的陡坡上发现了大量墓穴。

定居美洲大陆是由北至南进行的，至少在一万两千年前，或许还要早得多，第一批居民通过当时还存在的连接亚洲和美洲的大陆桥移居至此。历经了数千年，猎人和采集者才成为定居生活的农民，以种植植物和饲养动物为生。很早就有计划种植的一种作物是豆子，可以证实，公元8世纪在今天的秘鲁就已有种植。不久，又出现了南瓜和辣椒，以及最早种植于墨西哥的玉米。

农业改善了粮食状况，因此带来了人口的增加，从而又促成了更复杂的具有社会差异的部落联盟和工作的专业化，并在某一时刻促使了国家的形成和跨地区贸易的出现，其结果是与外部接触并受到外来的影响。尤其是在中美洲，安第斯山脉和今天秘鲁的沿海地区。大约公元前1800年起，那里出现了最早的城市，城市的房屋和大型建筑是用黏土建造的，而且证明了社会阶层的形成：除了简单的建筑物，还有更大、更奢华的建筑；修建公共建筑，其前提是能够征调足够的人手。为了农业发展，设计出了投资巨大、要求很高的人工灌溉系统，即便是现代工程师也对此极为钦佩。在秘鲁，人们还必须让自己及其农业适应他们定居区域的其他先决条件：显著的海拔差异。

15世纪，印加人以惊人的速度建立了美洲最大、组织最好的国家，为此他们只花了大约一个世纪的时间。当然也有先驱文明，他们跟墨西哥的阿兹特克人类似，实际上是中美洲和南美洲前哥伦布时代国家结构中的晚熟者。他们古老的定居点位于的的喀喀湖附近，根据神话传说，因蒂派曼科·卡帕克和玛玛·奥克洛这对始祖夫妇，也是太阳神和月神共同的孩子，他们来到的的喀喀湖，成为当时仍属于蛮族的人类的文明启蒙者以及一个帝国的缔造者。在这个帝国，法律和秩序、知识和友善以及虔诚的精神将会发挥作用。太阳神的金杖引导这两位神选之子从的的喀喀湖又继续往北，直至瓦塔耐河与图鲁马约河交汇处。在那里，他们建立了新帝国的都城库斯科，并将其称为世界的肚脐。以上都是传说。在历史上有据可寻的是后来印加人一步步的征服战争。公元1438年，在成功抵御了毗邻的昌卡人的入侵以后，印加·尤潘基，别名帕查库特克（Pachacútec，意思是"改变世界的人"）加冕为国王，由此印加人迈入了他们的历史时代。帕查库特克通过外交和战争扩大了他的帝国。他登基时，他的父亲还在世，让位给他或许是出于年龄的原因。

　　印加人最初只是酋长的自称，后来帝国的国王，再往后上层贵族亦称自己为印加人，直至这一名称转指整个民族。统治阶层历经数代人，已经成为绝对的精华：为了避免王室的血统因婚配变得"不纯正"，断然规定了兄弟姐妹之间进行通婚。统治者作为神权君主受到臣民的敬拜。诸神托付的文明启蒙的使命以及这些神权君主是被挑选出来的最高神祇太阳神和月神之子的这种意识形态，成为了逐步征服已经定居的部族并建立起古代美洲最大的帝国的正当理由。因此，印加人也被称作古代美洲的罗马人，并不是毫无理由的，即便这种比较在某些方面肯定不恰当。

　　在内部，国王尤潘基建立了一个非常有效的、熟谙管理和司法的国家制度，他下令进行历法改革，引进了一种对于普通民众具有约束力的国家宗教，即太阳崇拜，而上层精英则沉迷于一种精致高雅的神祇崇拜。库斯科被扩建成熠熠生辉的都城，那里的太阳神庙，供奉着已故神权君主的黄金雕像。税收和劳役方面的极高效率，确保了有充足的资金和劳动力可用于国家和国王的建筑工程。按照我们的理解，这一制度几乎是极权的，因为国家可以支配任何臣民，这种情况多半跟迁移居民点有关。王国的管理者把民众视作一群勤劳的工蜂——他们的计划经济实施得毫无弹性，孩童也不例外——规定80岁才能退休。如同新教伦理中有关劳动的认识，懒惰不仅被视作万恶之始，而且就是罪恶本身。在社会福利政策方面，与斯巴达人有相似之处——繁衍后代是公民的义务，同样要及时对自己的后代进行磨炼。对内容丰富的国家方针和社会准则的遵守情况，由一个监督者组成的机关负责，他们就是国家的探子，任务类似于今天伊朗的道德警察。总而言之，用现代的归类，将管理严密的印加帝国视作军国主义、极权主义的阶级国家，似乎并非完全不恰当。为了管理数据，印加人使用了一种结绳计算系统，绳结以十进制计数，勉强可将其比作一种算盘。这样的绳结是否也是一种文字系统，科学家们对此有着极大的争议。当然，没有文字记录，是印加研究的一大缺陷。

另一方面，印加人没有货币经济，他们拥有大量的黄金，最终激起了欧洲人无法抑制的贪婪，这些黄金仅仅被用于制作手工艺品。在印加人看来，黄金绝对是贵重的：它被形象地视作至高无上的神祇太阳的汗水，是留给统治者及其祭拜活动的。

印加人将他们的帝国称之为塔王汀斯尤（Tahuantinsuyo），意为四洲之国。印加帝国疆域最大的时期，面积达到了150万平方公里，从哥伦比亚南部的安卡斯马约河跨过秘鲁直到智利。印加人并没有越过安第斯山脉的边缘地带向东推进。印加帝国拥有惊人的长达4万公里的道路网，其中包括令人目眩的峡谷上方用草绳编结的悬索桥和在岩石上凿刻出的陡峭的阶梯，还有固定的驿站和一个信使系统。交通如此发达，因而即使是安第斯山脉上偏僻的马丘比丘，徒步或者骑美洲驼都可以轻松抵达。鉴于海拔差异，训练有素、彼此交替的信使，在五个昼夜的时间里就可以跨越长达1800公里这一相当可观的距离。美洲研究者亚历山大·冯·洪堡对印加人的道路尤为赞叹，称其本身即是世界奇迹。

1542年，当西班牙人从北方逐步征服印加帝国的时候，这个位于安第斯山脉的印加人的国家生活着900万人，分属于250多个部族。单单是都城库斯科，据估计就有15万—20万居民，是一座热闹的大都市。

不过，在西班牙人到来之前，印加帝国势不可挡的崛起就已经停滞了。据说在1471年，国王帕查库特克执政并大举扩张三十三年以后，在去世前不久，他曾看到过一个幻象——预示历史转折点即将到来的幻象，届时，高大的、留着胡子的白种人将终结印加人的时代。帕查库特克的儿子在智利同无论如何都不愿屈服的阿劳坎人（马普切人）展开鏖战，并遭到惨败，他不得不接受这一不同往日的战果。帕查库特克的孙子终于见识了在厄瓜多尔登陆的白皮肤、留着胡子、高大的异邦人，他不得不眼睁睁地看着他的大部分子民被这些欧洲人携入的疾病，或许是天花，夺去了生命，而欧洲人还没开始行动。国王也感染了这种疾病，意外身亡，随之而来的王位纷争和内战削弱了印加人的国家，因为已故的国王无法再确立继承人。从那以后，他的儿子瓦斯卡尔和阿塔瓦尔帕为夺取王位展开了激烈的斗争，并发动了内战，直至国家分裂。这两个原因让西班牙人的征服行动容易了很多。

然而，令人惊讶的是，征服者弗朗西斯科·皮萨罗在短短几年间，就能让印加人组织有序的国家臣服，此人于1526年第一次抵达秘鲁时，曾受到印加人的亲切欢迎。皮萨罗时年50岁左右，他被部下敬佩，但并不受他们欢迎，在征服新世界的过程中，他的努力长久以来一直徒劳无果，不过现在，他可以实现他的目标了：作为西班牙国王委任的征服者博得名望和荣光。皮萨罗目不识丁，他完全没有基督徒传教的热情，对美洲人民也漠不关心，但一点都不缺少对黄金的贪婪，因为传说中的印加人的惊人财富，早已被津津乐道。

国王阿塔瓦尔帕曾派人去谋杀他的印加兄弟和王位争夺者，此后，西班牙人在对他毫无戒心的随从进行血腥屠杀时，将他俘虏了。所谓的征服战争甚至还没有开始——鉴于印加兵力雄厚，数量不多的西班牙人施展了阴谋诡计。他们在肆意掳掠印加大城市的同时，以国王为人质索要极其可观的赎金，据说要用黄金和白银装满好几个大房间，而且得堆到天花板。就在筹措赎金的时候，尽管印加国王做出了种种努力，协商谈判，许下承诺，但还是在一场装模作样的审判中被判处了死刑，这令皮萨罗的追随者及同时代的人深感震惊。事后，甚至西班牙国王也表达了他的不满。然而西班牙人并不满足于掠夺而来的黄金，尤其是因为征服者的掠夺使得贵金属数量剧增，从而导致了金价的暴跌。此后，他们采用了其他的统治手段，由此从新任命的傀儡国王和印加人堪称典范的道路网获得好处。然而，他们有些草率地认为印加帝国就此臣服，于是在16世纪30年代，不得不应对激烈的反抗。由于征服者的队伍中出现了纷争，这次印加人似乎占据了上风。但最终获胜的还是西班牙人。传说中最后一任印加国王图帕克·阿马鲁率领余下的印加人勉强坚守到1572年，然后他也被击败并且在都城库斯科被公开处决。马丘比丘或许就是在这段时间前后被遗弃的。

　　直到今天，安第斯山脉上的城市马丘比丘仍然有许多未解之谜，尽管研究人员一如既往地忙于对它的发掘，并且提出了或多或少有据可依的理论。大量的、偶尔也相当疯狂的推测，不仅源于马丘比丘并没有给考古学家留下多少可发掘之物，而且也是由理想主义的乃至明显受当今政治驱动的解读造成的。波恩的民族学家贝托尔德·里泽（Berthold Riese）曾抱怨说，这座城市是有计划地被遗弃的，也就是说，清理殆尽后才留给了后世，因此它在考古方面提供的线索相当有限。因此，参观安第斯山脉这座城市的游客，不要被所有可能出现的地点名称和建筑物名称误导，因为它们几乎都是印加帝国终结以后才如此命名的，而且这些名称往往暗示了某种无从证实的目的和用途。

马丘比丘到底隐藏着什么秘密，相关种种广为宣扬的解释中，也有一个宇宙学的解释，根据该说法，最早的印加人便来自于这座城市，之后他们建立了引以为傲的帝国。宾厄姆也持这一看法，然而他的目的显然是，提高其发现的声望进而为自己扬名。这方面的依据都是非常模糊的。比较可信的说法是，印加国王帕查库特克命人将马丘比丘扩建为他晚年休养之地——国王出于年龄的原因放弃执政并隐退，在印加帝国是很常见的。根据另一种推测，马丘比丘可能曾用于抵御定居在不远处怀有敌意的部族。然而，这座废墟城市并无迹象显示，曾有印加军队驻守。马丘比丘也乐于被美化为印加最后一任君主图帕克·阿马鲁的驻地，他在秘鲁被视作民族英雄，可是同样缺少具体的依据，尽管在西班牙人彻底让印加帝国臣服之前，这座城市可能曾被用作殖民时代早期的退守地。不远处坐落着另外一座安第斯山脉上的印加城市，它比马丘比丘历史更悠久，面积也更大。它是受西班牙人压迫的印加人最后的庇护所，直到1572年，太阳之子的时代在这里宣告终结。虽然皮萨罗贪婪的部下也在寻找马丘比丘，希望能够得到更多的黄金，但并没有找到这座城市。

还有一种同样证据不多，但极其浪漫的解读，即这座被遗忘的城市是因西班牙人入侵而流离失所的太阳圣女的避难地。这个祭司阶层由10岁的女孩构成，汇集了整个帝国最漂亮的姑娘。她们接受训练，只为宗教和国家所用，生活在全国各地的圣女宫，其中精选出来的佼佼者住在库斯科的太阳神庙里——如果没有嫁给上层贵族，她们就会被国王纳为妃嫔或者成为祭祀的牺牲品。

这个被遗弃的安第斯山脉上的城市之所以充满了吸引力，用途不明可能是一个非常重要的原因。因此，不管怎样，它都非常适合作为经久不衰的投射面——直至现代秘教信徒的幻想。自从海勒姆·宾厄姆让马丘比丘出了名，这个偏僻的小城已成为拉丁美洲游客最多的地方之一。他们大多乘坐大巴车从乌鲁班巴河谷出发，穿过一条名为海勒姆·宾厄姆公路的盘山路来到这里，而起点在库斯科的艰辛的印加古道，则留待注重真实性的背包客去跋涉。1983年，这座城市被联合国教科文组织列入世界文化遗产，进一步提高了它的知名度和吸引力，以至于每年都有几十万名游客来参观这座安第斯山脉上的城市。如今，在许多当地人看来，被遗弃的印加人的居民点马丘比丘是一个可以跨越被欧洲人占领的年代，追寻到自己身份的溯源地。

对于亲民的政治家来说，这座城市也有一个政治正确的形象，这使得马丘比丘可以被用作有着五百年历史的西班牙烙印的对立面，并且在政治和社会讨论中，令西班牙占领前的那段历史由此更具分量。然而，这样的形象也有不好的一面，例如说，把印加帝国美化为一个可被效仿的模范国家，或者出于机会主义动机，赋予神秘的马丘比丘某个没有任何证据的意义。年轻的埃内斯托·切·格瓦拉感触如此强烈，当然有着充足的理由，当时，他正在游历一个饱受蹂躏的国家，途中偶然发现了这个另一时代的遗迹，一个被信仰基督教的欧洲人肆无忌惮扫除掉的高度文明。像秘鲁这样一个安第斯山脉上的国家，其主要人口又是大多都很贫穷的印第安人，适度地维护西班牙占领前的历史，当然是对的。但是，既不可片面地妖魔化，也不要过度地美化，无论哪种做法，都不足取。

十二
克里姆林宫（俄罗斯）

具有几百年历史的政府官邸，可说的东西非常多。它们呈现出多重意义，就像中世纪时的旧羊皮纸，上面的字迹总是一再被刮掉，复又写上新的内容，就这样一层层地叠加了许多时间层面，而这些时间层面又各自留下它们的痕迹。这一现象尤其彰显于莫斯科的克里姆林宫，同样在这个地方，14世纪首批莫斯科大公修建了他们的宫殿，时至今日，俄罗斯政府还在这里引领着俄罗斯这个巨大国度的历史进程。这种持续性虽然并没有被打破，但其间的中断在莫斯科的克里姆林宫也能很好地感受到，无论是政治变幻，抑或是一再造成严重损失的无数次火灾。今天，无论谁参观克里姆林宫，并正好遇到学识渊博、擅于叙述城市面貌的解说员，都会因此在这个密集的空间深深地沉浸到这个国家的过往历史中去。

俄语词"Kreml"（克里姆林）的意思是要塞，因此——这就跟雅典卫城一样，直接被称为"高丘上的城邦"——莫斯科的克里姆林宫并不是这类建筑物中唯一的，但却是最为著名的。最

初,它跟俄罗斯无数个其他类似的要塞并无二致,可能是一个很小的居民点,外面有坚固的木质围墙用于防御,那时的俄罗斯在外国访客眼中就是一个特别的城市邦国。在莫斯科河的北岸,就是那条狭长的、早被改造为运河的涅格林纳亚河的河口处,大概出现了最早的居民点,附近稍高一些的地方,也就是当年更加陡峭、长满松树的博罗维茨基山冈被选为建立要塞的地带:12世纪中叶,这里建起了莫斯科的克里姆林宫,它呈三角形布局,当时周围已经环绕着具有相当规模的长达700米的防御墙和一条护城河。在那个时代,莫斯科是一个经济上十分重要,政治上却比较落后的城市,就是一处有一座公爵官邸的市民聚居地。如今,克里姆林宫仅是位于庞大都市莫斯科市中心的一个微不足道的部分。这座现代大都市围绕着这个核心一圈圈地向外发展,不管是城市建设,还是呈现为环线和放射状街道的交通动脉,都是以这个古老的中心为基准规划的。

俄罗斯的发端可以追溯到基辅罗斯，它的历史是公元862年瓦良格人①的酋长留里克在诺夫哥罗德开创的，不久以后，其中心便转移到了基辅，公元1000年前后，在弗拉基米尔一世统治期间，经历了一个繁荣时期。基辅被拜占庭的东正教派基督教化，依照君士坦丁堡的模式建造了一座王宫，并且效仿那里的圣索菲亚大教堂修建了一座索菲亚教堂。然而，基辅大公们不得不越来越多地应对部落公国的权力野心，基辅罗斯分崩离析，进一步的倒退发生于13世纪，主要是由蒙古人的入侵造成的，他们最终夺取了古代俄罗斯的最高宗主权。

罗斯的部落公国之一就是1263年建立的莫斯科公国。早在1147年，这座城市就被第一次提及，即便只是顺带提到。90年之后，欧亚草原的蒙古人在成吉思汗的孙子拔都及其组织严明的军队的带领下大举入侵，将该城几乎夷为平地。后来，莫斯科的公爵凭借跟蒙古统治者建立的良好关系，使得该公国跃升为罗斯诸部落公国中最为重要的一个。所谓的"俄罗斯土地收集"便肇始于莫斯科公国，原基辅罗斯四分五裂的国土得以聚拢在一起——这次当然是在莫斯科公国的统治下，而且那些被收集的地区从未放弃过艰苦卓绝的反抗。1328年升格为大公国，以及之前将俄罗斯正教中心迁至莫斯科，对这个收集土地的过程大有裨益，因为教会首脑使莫斯科大公国极大提升了威望和权势。如今各方一再诟病的俄罗斯国家与俄罗斯正教会的密切关系，便可以追溯到如此遥远的历史源头。在这个过程中，克里姆林宫已由一个贸易场所上升为公爵的宫邸，因此拥有了好几座教堂。在后来的岁月中，克里姆林宫的木质建筑

---

① 瓦良格人（Waräger），即罗斯人，指公元8—10世纪出现在东欧平原上的诺曼人，"瓦良格"是乌克兰、俄罗斯和白俄罗斯居民对他们的称呼。——译者注

一点点地变成了石头建筑，首先发生变化的就是那些宗教建筑，要塞的木质围墙也被更为坚固的围墙取代。

1380年，莫斯科大公德米特里终于战胜了蒙古人，取得了决定性胜利，此后，克里姆林宫得以旧貌换新颜。不仅因为频仍的火灾，尤其是蒙古军队报复性纵火造成了破坏，而且为了抵御新的潜在征服者，德米特里决定将木质防御工事替换成石砌的，同时再次扩大防御区域。修缮工程使用了石灰岩，耗资不菲，这个时期的要塞也因此得名"白色克里姆林宫"。要塞的围墙长两千米，厚度达到3米，而且有一条连续的步道，今天装饰围墙的20座塔楼中，当时至少建成了10座。其中6座塔楼设有入口，装上了大门。除了防御围墙及各处大门、塔楼和教堂，大公的宫殿和东正教牧首的宫殿构成了克里姆林宫的主要图景。此外，还有许多华丽的贵族府邸和壮观的市民住宅以及各种各样的修道院。

15世纪下半叶，伊凡三世完成了以莫斯科为引领的俄罗斯的统一。伊凡三世迎娶了一位拜占庭公主，这使他有机会在君士坦丁堡的陷落之后，为莫斯科赢得"第三罗马"这一称谓。伊凡向欧洲靠拢的政策指示了同一个方向：向西方学习意味着学习胜利。在这个时期，莫斯科城基本上是由克里姆林宫围墙之内圈起来的区域组成的，四周环围着按照规划修建的郊区。在宫墙之内，仅花了不到十年时间，便新建了不少建筑，这次同样耗费了巨资，还借鉴了西方的，尤其是意大利的建筑经验。这是当务之急，因为除了日益壮大起来的罗斯国[①]需要一个气派的首都这类政治原因之外，还有一些非常实际的原因：一方面，这个要塞由于多次损毁，早就千疮百

[①] "罗斯"指9—15世纪的古罗斯国家，即基辅罗斯及封建割据时期的整个罗斯时代（12—15世纪）。"罗斯国"用于15—16世纪的国家称谓。——译者注

孔，几经修补，看起来就像是一件寒酸的百衲衣；另一方面，它必须跟得上军事技术的新发展，方能抵挡住将来的袭击。在北部，该区域一直拓展到现今的军械库塔楼，这时已建起了18座塔楼，而且形成了最终的尺寸：克里姆林宫宫墙总长2235米，厚度达到7米，高度达到19米，占地面积将近28公顷。质量最好的砖被用来修筑防御墙，该砖也由此一跃成为俄罗斯首屈一指的建筑材料。宫门也得以加固，并合理规划了射击孔的位置，以保证要塞前的每一点都位于射程之内。这片区域以下还修筑了地下秘密通道，如若敌人想通过挖隧道进入克里姆林宫，早早地就会被察觉。环绕克里姆林宫的宫墙，还有一道宽达200米的无建筑地带，据说用于防止可怕的火灾——只能说这是一种虔诚的心愿，此后克里姆林宫内依然发生了多次火灾。因为克里姆林宫宫墙抹有泛着暗光的灰泥，从外面看闪闪发光，很快便有了"银色克里姆林宫"之说。

16世纪，断断续续又在距离要塞较远之处修筑了三道防御围墙，以此增加那些围攻者的进攻难度。17世纪，对许多塔楼，尤其是拐角塔楼和城门塔楼进行了美化，主要是进行了一些装饰性的扩建——尤其是增高了位于克里姆林宫东北侧宫墙的弗罗洛夫斯基塔楼，这座塔楼修建于1491年，后改名为斯帕斯基塔楼（亦称救世主塔楼），是克里姆林宫的主入口，此外，还在这座塔楼上安装了一个闻名遐迩的英国塔钟。塔钟后来几度更换，直至在苏联时期发出《国际歌》的旋律。当时，马匹是不允许从斯帕斯基塔楼通过的，就连沙皇陛下本人在缓步通过这座塔楼时，都要摘下帽子。整体而言，克里姆林宫看上去优雅且色彩缤纷——其外观效果早已变得比它作为要塞建筑的功能更为重要。要塞里的很多教堂都换上了新的外观或者重新修建，例如圣母升天大教堂或称乌斯别斯基大教堂。它是克里姆林宫宫墙之内最大的教堂，也是中心教堂，同时还是俄罗斯首都保存完好的最古老的建筑。来自博洛尼亚的建筑师阿里斯托蒂莱·菲奥拉万蒂（Aristotile Fioravanti）通过修筑这座教堂留下了他最重要的作品，这座建筑结合了意大利文艺复兴风格与俄罗斯传统建筑风格。这种新的构筑方法采用砖作建筑材料，通过在建筑内部修建细长的支撑柱得以实现，而且内部空间宽阔，这给那个时代的人留以深刻印象，同样令人瞩目的还有外部的五个镀金的洋葱式圆顶，它们分别象征着耶稣及四位福音传道者，后世有很多建筑都效仿它们而建。乌斯别斯基大教堂是除俄罗斯宫廷教堂之外，俄罗斯正教会最重要的礼拜堂。不仅历代莫斯科大公和后来的俄国沙皇要在这里举行加冕典礼，它还是莫斯科都主教及牧首的就职地，而且在很长一段时间里也是他们的安息之所。

　　克里姆林宫地界上的众多教堂中，有一个非常重要的教堂，即天使长米迦勒大教堂。它的前身建筑就被用作莫斯科大公的陵寝教堂，直至18世纪，这座新修建筑都是俄国沙皇的陵墓所在地——米迦勒是罗斯公爵的保护神。今天的这座教堂是一位米兰的建筑师在16世纪设计的，同样明显受到了意大利文艺复兴风格的影响，其木制的前身建筑可以回溯到12世纪。14世纪用石料修建的那座前身教堂已经破旧不堪，可能已无法再容纳为数众多的公爵的石质棺椁。时至今日，那里还保存着46个石棺，这些用青铜加固的石棺无声地记录了俄罗斯历史上的决定性阶段。天使长米迦勒大教堂也凭借石棺的数量成为世界上最大的诸侯帝王陵寝所在地之一。恐怖的伊凡[①]和他的两位儿子也永远安息在这里——其中也包括王位继承人皇太子伊凡，他被暴怒的父亲直接殴打致死——此外，罗曼

[①] 恐怖的伊凡，伊凡四世的别称，他消除了领主政体，建立沙皇专制，统一了俄罗斯，成为俄罗斯历史上第一位沙皇。——译者注

诺夫王朝的最初几位代表人物也安葬在此地。

恐怖的伊凡四世在1547年被加冕为首位俄国沙皇——沙皇这个概念源自凯撒（Caesar），德语词Kaiser（皇帝）同样由凯撒一词演化而来。他是伊凡三世的孙子，1533年刚满三岁时，便以此稚龄成为大公爵——此时莫斯科的克里姆林宫统治的地区已经比伊凡三世登基时要大六倍。

恐怖的伊凡通过接二连三的征服战争将俄罗斯建成了一个多民族国家，其疆域一直延伸到太平洋。与此相反的是，他鲜少关注莫斯科的克里姆林宫，在他的治下，那里并未大兴土木。这位沙皇与克里姆林宫有着明显割裂的关系，无论是跟那里的宫廷结构，还是跟做事的人——这很可能源于他孩提时代那些糟糕的回忆，这个时期一直延续到他长成半大少年，执掌权力。伊凡不得不在克里姆林宫里犹如囚禁般度过那段漫长的岁月。备受呵护的少年时代，这种说法对他而言具有一种极度冷漠的基调。他臭名昭著的猜疑、极端易怒的脾气和内在的分裂大概并不是没有缘由的。1547年初夏时节，伊凡加冕为首位俄国沙皇还不足半年，一场大火肆虐了莫斯科，这在许多人看来是个极大的不祥之兆。由于民众将沙皇的母系亲属视为造成这次灾难的替罪羊，伊凡的一位舅舅在克里姆林宫的一座教堂中被打死。尽管如此，伊凡直到1564年才最终决定搬出克里姆林宫——他当时很可能想着彻底远离统治生涯。就像是对失败的爱情的一种任性执拗，伊凡命人在对于俄罗斯人而言非常重要的圣尼古拉斯日前夕，准备好一队雪橇，然后带上沙皇的珍藏和重要的圣像，连同全家老少和宫廷侍从，浩浩荡荡地离开王宫。虽然他并未按照此前宣布的那样放弃皇位，但这个时刻标志着伊凡统治生涯的一个转折点：由战功卓著的战场统帅和改革者摇身变为对内政策的暴君，没有明确的统治纲领，同时也不再有对外政策的运气。

17世纪初，罗曼诺夫家族接手了俄国沙皇的皇位，尽管并不总是由直系血脉的人接任统治者，但这个家族始终将王权攥在手中，直至三百年之后的十月革命。在此之前，波兰立陶宛联邦[①]还短暂统治过沙皇俄国，这是因为伊凡四世去世后，俄国内部陷入混乱不堪的状态。强大的波兰立陶宛联邦在跟瑞典的竞争之下，介入了已不复存在的王朝的皇位之争，先后支持了两位据说是沙皇之子的人作为王储，最终于1610年在俄国多个派别的力挺下，占领了克里姆林宫。这时，波兰国王齐格蒙特三世·瓦萨甚至自己打起了沙皇皇冠的主意，但在1612年，他就被逐出了克里姆林宫。他提

[①] 波兰立陶宛联邦，又称波兰立陶宛王国，是16—17世纪欧洲面积最大、人口最多的国家。——译者注

出，由波兰立陶宛联邦和沙皇俄国组成共主邦联①的形式施行统治，在俄国那些原本支持他的人眼中，这个要求实属过分。

在罗曼诺夫王朝早期的沙皇统治期间，克里姆林宫的塔楼先是由侧楼替代并且增加了高度，从而其轮廓显得更为宏伟壮观。又经历了多次火灾，人们总算认识到，修造石头建筑更加妥当，于是沙皇米哈伊尔·罗曼诺夫（史称米哈伊尔一世）就让人先建了一座后来被称为特雷姆宫的建筑，后来又在这座宫殿边上逐步建起一系列供沙皇家族成员及其各自仆从使用的居住建筑。此外，还修建了多个比较小的祈祷室供罗曼诺夫家族中的不同成员使用，祈祷室的11座洋葱顶塔楼至今仍属克里姆林宫的一大景观。

同样用石料新建并且在17世纪多次扩充和改建的建筑还有都主教和牧首的官邸，如今只保留下来十二使徒教堂一侧的主翼建筑。早在15世纪中叶，莫斯科都主教已经命人修建了第一座石砌宫殿。

1701年，一场大火再次肆虐莫斯科城，并且在克里姆林宫留下了浓重的印记，这预示着，18世纪将不同于以前的时代，对于克里姆林宫而言，它不会是一个幸运的世纪。手握大权的彼得一世（后世尊称彼得大帝）可不是什么莫斯科之友，也不是"旧俄国"的朋友，而是一个倾向西方的现代化推进者，他一开始并未流露出关注克里姆林宫重建的意愿。

不管怎么说，他下令在烧毁的谷仓和两座贵族府邸的旧址上修建了古典主义风格的军械库，用来陈列战利品。1713年，彼得大帝将首都迁往北方，迁到波罗的海边上的新城圣彼得堡，而在此前

---

① 共主邦联，又译作君合国，指两个或两个以上被国际认可的主权国家，共同拥戴同一位国家元首所组成的特殊的国与国的关系。——译者注

的大北方战争①中，俄国重又赢得了波罗的海的出海口。迁都不但令莫斯科的克里姆林宫丧失了往日的光芒，还使它失去了钱财，这些钱现在都用于建造沙皇的新宫邸。因此，军械库的修建进度十分缓慢，而且这座新楼建好刚一年，就在火灾中化为灰烬。不过，对沙皇帝国来说，莫斯科还是十分重要，因为奢华的沙皇加冕典礼和其他国事活动仍然会在这里举行。尽管如此，此后整整两个世纪，莫斯科都逊色于圣彼得堡，而且在这段时间里，莫斯科又遭到多次火灾，有些甚至是灾难性的。最终，克里姆林宫大部分建筑都摇摇欲坠，有些甚至必须拆除。总算还有17世纪末修建的枢密院大楼，它奇迹般地既未遭受火灾，也未因后来的改建变得面目全非。女沙皇叶卡捷琳娜大帝在18世纪曾计划修建一座新的克里姆林宫，但后来未能实现，在其他方面，她都延续了彼得大帝的西方化政策。克里姆林宫就这样荒废了几十年，直到19世纪初，才又有了更多的财政资金，用于亚历山大一世加冕的庆祝活动。

　　沙皇亚历山大一世必须面对一个来自法国的强敌的挑战，他主宰着大革命后的法国，致力于搅乱欧洲的边界，并以此来恫吓欧洲大陆的王公诸侯们。1812年，拿破仑对俄国发起远征，其结果是致命的，而且徒劳一场，在远征期间，他进驻了无人防御、被逃难的居民纵火焚烧的莫斯科。拿破仑在与他身份相匹的克里姆林宫住了足足一个多月，但他很可能情绪不好，对克里姆林宫进行了全力洗劫。十月初，当他因饥寒交迫而率领疲惫不堪的军队投降，并且宣布撤退的时候，还想着要将克里姆林宫炸毁——这大概倒不是想奉行什么焦土策略来加大敌军的补给难度，而是一个输不起的人准

---

① 大北方战争，又称第二次北方战争，是俄罗斯帝国为了争夺波罗的海出海口及取代瑞典在北欧的霸权地位蓄意挑起的一场战争。——译者注

备泄私愤的报复行动。爆破最终得以阻止——不管怎么样，只是发生了几起比较小的爆炸，因为持续降雨浸湿了导火线，被激怒的莫斯科人的抵抗则解决了余下的一些。即便如此，爆炸还是震动了军械库，毁掉了三座克里姆林宫的塔楼。其余塔楼也遭受了损坏，其中包括那座81米高的克里姆林宫最高建筑，16世纪早期建于大教堂广场上的伊凡大帝钟楼。现在，它是克里姆林宫的标志性建筑之一，当时它至少悬挂有22口大钟，充当相邻的三座教堂的钟楼，而那些教堂没有自己的钟楼。

接下来的几十年中，克里姆林宫得以再次重建，19世纪中叶，在亚历山大的弟弟、也是他的继任者尼古拉一世统治时期，在建筑群的南部建成了大克里姆林宫，它是那个时代最大的宫殿，现在是俄罗斯联邦总统的官邸。此前位于此处的巴洛克风格的冬宫被沙皇下令拆除了。同样在这个地方，自14世纪初起的几个世纪里，曾经有过多座前身建筑，里面住的是莫斯科大公和俄国沙皇。第一座比较大的石砌宫殿是在15世纪末，伊凡三世大公统治下开始修建的，直到他的儿子即位以后才完工。伊凡三世时期的建筑现今仍保存完好的是多棱宫，它是莫斯科最古老的世俗建筑。新建的大克里姆林宫由俄罗斯建筑师康斯坦丁·托恩设计完工，耗时十二年之久，通过他的设计，这片宫殿区连同众多已有的克里姆林宫的居住和教堂建筑，形成了最终的布局形式。

1917年的俄国革命中，红卫兵[①]占领了克里姆林宫，此前，他们在莫斯科街头激烈鏖战多日，死亡人数众多，也没少为当年的权力中心再添几道伤痕。不久以后，克里姆林宫再次取代圣彼得堡，成为政府所在地，这一次是苏维埃政府所在地。对于从波罗的海边

---

① 红卫兵，后来的红军。——译者注

上迁都回来起到决定作用的原因，与其说是对古罗斯时代的历史参照，倒不如说是担心内部骚乱和外敌入侵。这种情况下，这座久经考验的要塞对新政权来说是最安全的港湾。

在苏共执政时期——全国情况皆是如此——教堂被关闭了，有些被拆除，或者如乌斯别斯基大教堂那样被改用作博物馆。克里姆林宫的两座修道院也成为了反教会的爆破药包的牺牲品。在接下来几十年的进一步的修缮工作中，1935年象征沙皇权威的双头鹰被替换成了带有镰刀和锤子的苏联红五星，自那个时候起，闪耀在克里姆林宫塔楼上的红色五角星成为苏联权力中心的重要一景。直到20世纪50年代总书记尼基塔·赫鲁晓夫当政时的缓和期之前，只有拿着通行证，才能近距离地参观克里姆林宫——苏联领导人都把自己封闭在克里姆林宫的宫墙之后。苏联政府的驻地是原先的枢密院大楼，直至1923年，国家缔造者列宁都在那里居住和办公，在他去世之后，那些房间被改建成了博物馆。共产党的中央委员会也在枢密院大楼里举行全体大会。现在，俄罗斯联邦总统在那里办公。

对于今天造访克里姆林宫的参观者来说，当苏联时代留下的一座粗笨建筑映入眼帘时，鲜少会有所感动，那就是国会大厦，如今也称作国家克里姆林宫。这座在旧出版物中美其名曰"社会大厦"的庞然大物修建于1961年，是克里姆林宫最后一座建筑，由玻璃和水泥建成，它的建筑者们为此还获得了享有盛誉的列宁勋章。场面宏大的苏共党代会就在这里举行。两个大厅分别可以容纳4500人和6000人，此外还有800个房间可以容纳更多的人，通过14部电动扶梯和26部垂直电梯可以轻松抵达相应房间。

1991年苏联解体，此后莫斯科仅是俄罗斯联邦的首都，这也再次改变了克里姆林宫。自 1990 年以来，在俄罗斯加盟共和国^①宣布独立后，克里姆林宫里的苏联领导人再也不受欢迎了——世界强国的首都地位随着这个强国的瓦解终归是落花流水一去不复返。这时，苏联最后一任领导人米哈伊尔·戈尔巴乔夫不得不将他在俄罗斯权力中心的办公室腾出来，让给俄罗斯总统鲍里斯·叶利钦，高高飘扬在克里姆林宫上方的红色苏联旗帜换成了俄罗斯的三色旗，沙皇时代的双头鹰甚至也回来了。

俄罗斯东正教会在遭受数十年的压迫后恢复了权利，获得国家返还的克里姆林宫内的四座大教堂。宗教有助于填补苏联及苏共终结后留下的意识形态空缺。如今，国家的高级代表理所应当地参加在克里姆林宫的教堂里举行的礼拜仪式，并且以教会为辅助。在变革的时代，仍处于失去世界强国地位的印象之中，俄罗斯悠久的历史，尤其是沙皇时代的历史再次变得十分重要——无论是作为识别人身份的辅助手段，还是作为政治宣传工具都不可或缺。不过在普京时代，人们在精神上也再次承袭苏联的庞大遗产。因此，今日莫斯科的克里姆林宫，不管是在历史背景下，还是在更为合乎时宜的政治导向面前，依旧是那个跨越多个世纪，历经不同的政治体系都未曾改变的地方：是展示和运作权力之处，是国家的决策中央，也是受参观者追捧的俄罗斯的精神焦点。

---

① 俄罗斯加盟共和国，即俄罗斯苏维埃联邦社会主义共和国，为苏联最大的加盟共和国。——译者注

十三

长城（中国）

在 21 世纪，围墙并没有特别正面的形象。它们被认为过时了，隔离功能毫无意义，有违自由迁徙的权利，总之就是蔑视人道。例如臭名昭著的柏林墙，它横贯德国首都市中心，将柏林一分为二将近三十年，很多人试图从城市的一半来到另一半，却因此而丧生，如今每年，人们都欢欣雀跃地庆祝它的倒塌。因为 1989 年 11 月 9 日开放东西柏林边界，绝不仅仅是德国历史上的一个事件，而是一个全球性的分界点：在此之前，不仅柏林和德国，而且欧洲与世界也被分为两大阵营。这个全球范围意识形态割裂的象征曾经是，现在依然是柏林墙。我们这个时代依旧还在使用的其他围墙，名声并不比柏林墙好多少：将以色列境内的巴勒斯坦地区与中心地带分隔开的那道隔离墙，被视为不人道的耻辱标记，并非毫无缘由。欧盟和美国因为致力对南方国家[①]进行封锁，也不得不一再容忍理由充分的指责，即在穷人和富人之间筑起一道新的隔离墙。相反，在地中海的岛国塞浦路斯，将首都尼克西亚一分为二——一半希腊，一

---

① 南方国家，一般指发展中国家，北方国家指国家综合实力发达的发达国家。——译者注

半土耳其——的边界线或许多少有些时代倒错,但相比之下,倒显得没有那么紧要了。

除了这类负面的例子之外,也有一些围墙在历史评价中口碑要好得多。例如老城市的城墙,因为这类人口稠密的聚居地可以借此来保护自己,并且在一定程度上不受侵扰地繁荣起来。这时显得没那么重要的反倒是,这些围墙也用于隔离:清除一切令人不快的东西,从抢掠洗劫的进攻者,到不受欢迎的人物,无论是患病者、贫穷者,还是异邦人。著名的莱姆斯防线,即位于强大的古罗马帝国北部边境的罗马界墙，许多人宁愿把它视作一大成就，而非用于战争防御的军事设施——对中国长城的看法同样如此。面对这座绵延几千公里、巍峨宏伟的建筑时，人们往往会忘记，在修建它时耗费了多少劳力，尤其是那些令人心酸的苦役们的辛勤劳作，无数人为它付出了生命。同时也会忘记，它最终并没有完成捍卫中华帝国边境安全的使命。

位于中国北部的万里长城，当年是为了保卫帝国不安全的北方边境修筑的，今日成了游览中国的游客的头号目的地。不仅游客蜂拥而至，就连来中国进行国事访问的贵宾大多也把参观长城列入必备行程。无论是背包客，还是政府首脑：在中国人眼中，他们当中每一个仰慕赞叹这座宏伟建筑的人，都能感受到中国在世界上的伟大与重要。绝大部分旅游者参观的都是坐落在北京北郊、修缮一新的两段长城：八达岭或者慕田峪长城。在这里，自1984年中国的领导人邓小平下达命令以来，修复工作耗费了巨大资金，"爱我中华，修我长城"则是当年的口号。今天，游客成群结队来到这里，就是要亲自感受一下这道防御墙的宏大规模，极目远眺，这道边界线的城垛蜿蜒在崇山峻岭之间，沿着地势上下起伏，间或被烽火台优雅地隔断。这里的长城的墙体大多建于15和16世纪，如此壮观的景象为世界瞩目的中国长城颇具浪漫色彩的形象奠定了基调。

在史前的中国，很早就实现了相当规模的集体作业——这是一个日益复杂的社会的标志，在这样的社会中，不再是每个人都要为获取直接生存保障而努力，而是可以有人从事其他工作。早在公元前三千纪，在今天山东省的城子崖就修筑起了一座宏伟的城墙设施：长达几百米，高6米。为此需要运送超过10万立方米的土，因而必须动用数量极为可观的劳力，才能完成这项浩大的工程。经考古学家证实，这些人力也足够用于出征讨伐。自公元前三千纪末以来，可以说中国已经进入了一种高等文明，例如出现了最初的城市，它们往往都建有防御墙，由夯土和黏土修筑而成。随着第一个王朝——夏王朝的建立，这个时代还出现了中国的国家政权——即便其领土面积要远逊于今天，而且在很长时间里并不是中华大地上唯一的国家。

中国长城的历史也远比15世纪久远得多——甚至比第一位皇帝秦始皇在公元前3世纪末建立起的中国历史上第一个大一统的国家还要早。

早在此前几百年，也就是公元前5世纪，在周王朝统治时期，就开始了最早的修建宏伟城墙的工作。周朝是中国持续最久的统治王朝，而在当时，它已经失去了许多早期的荣光和昔日的荣耀，几乎不再有统治力，更多只是代表王家威仪。

公元前11世纪，通过战争夺取政权后，新晋的统治家族倾向于将亲戚或者结盟的亲随分封为诸侯，派驻国家各个地区。由此发展成一种强大的贵族政治，这对于软弱的国王来说可能是危险的。与早期的统治者相比，"天子"[①]真正的统治区域要大得多，周朝国王之所以称自己为天子，是因为他们要建立与神的直接联系。然而，尤其在西北和西部地区，边境居民一再遭到异族"野蛮人"的攻击。地方诸侯的势力越强大，软弱的统治者能够用来抵御外敌威胁的力量就更微弱——他们还可以利用国王的失败来提升自己的实力。

长城的前身并没有表现为杰出的技术和后勤保障成就，主要是因为其背后并没有一个整体概念，总体上是不完整的。连贯的边界防御工事在当时也根本无法实现，因为周朝后期并非无故被称

---

① 天子之称源于周朝，这里指周朝君主，周朝君主自称为王，自秦始皇起，一国之君称皇帝。——译者注

作"战国时期"。在中华大地上,各个领土国家互相开战,同时试图用黏土和干草修筑简易的边界墙来保卫自己。然而,当时要防范的不仅仅是相互竞争的中华诸国的觊觎之心,还有来自北方邻居的侵扰。他们被早已定居生活的中国人视作野蛮人,他们越过诸侯国北方边界抢掠洗劫,令人忧心忡忡。无论入侵者是匈奴人还是女真人,是满族人还是蒙古人,这种来自北方的危险成为中国政策一个不变的主题。因此,对中国统治者而言,北部边境长城的建筑状态和军事装备一再成为生死攸关的问题。同时,在扩建边境防御工事时,有些皇帝似乎失去了正常的理性与人性的尺度——至少修筑边界墙的劳工在任何时代死亡率都高得惊人。

最早修筑"长城"的这些工作大约发生在中国最重要的哲学家孔子去世后那段时间,他的弟子将其教诲收集整理成书。或许可以简单地说,无论是中国第一位哲学家,还是中国长城最初的修筑工程,都发生在同一时代背景之下,而且也是因其而生:不安定的战争岁月和行之有效的旧秩序分崩离析。孔子试图从伦理上,结合"过去的好时代"及其价值观和秩序来对抗这种情况;统治者希望至少能够通过抵御外敌来应对内部的崩溃。但这二者都无法阻止周王朝的土崩瓦解,羸弱的周朝君主再也无法与实力日益强大、愈加自信的地方诸侯相抗衡。周朝原是一个以强大君主为首,群臣作为地方小诸侯对其俯首帖耳的国家,如今变成了多个或多或少拥有独立主权的加盟国,它们当中每一个都只管看好自己的饭碗,而且还常常把手伸到别人的锅里。

"战国时期"持续了两个多世纪,秦国成为最终的胜利者。对于中国第一位皇帝秦始皇,后来秉承儒家传统的史学家颇有偏见,甚至多是溢恶之言,虽然通过这位新统治者的锐意改革,中国第一个大一统国家本该是强大且稳固的,而且统一是中央帝国①日后崛起的前提。为了北部边境安全,秦始皇命人将本不相连的一段一段的边界墙连接成长城,用作防御墙——为此征召了几十万劳工:士兵、农夫和囚犯——其中相当一部分人在极其艰苦的工作中丧生。最终建成的中国万里长城东起今天的朝鲜,沿中国北部边境至今天内蒙古境内的黄河边上。当时还有几段长城向北延伸到比我们今天所了解的长城更远的地方,因为在公元前214年,中国军队已经深入到了今日蒙古的部分地区。

在这座宏伟浩大、极其雄心勃勃的工程上,秦始皇耗费了将近十年时间,但他短命的王朝却没能将皇帝宝座再保留太久,因为明显妄自尊大的秦始皇过于好大喜功了:修筑长城耗费了无数人力和巨额财物,但这并不是秦始皇进行的唯一的大型工程。此外,他还让人修建了长达数千公里的道路和运河,当然也建了恢宏的宫殿。最后,他命人为自己修了一座规模巨大的陵寝,它是世界上最大的陵寝之一,直到20世纪70年代才被发现。在这座陵寝中,有万千栩栩如生的陶俑军队为秦始皇陪葬。尽管统一后的中国成为一个统治者的天下,但在国内政治方面,仍然不是铁板一块,因为中央权力不能够随时随地贯彻下去。更大的不安定因素仍然是来自北方的外部威胁,那里的边境时时处于危险之中。

在接下来的长达四个世纪的汉王朝统治时期,边境上的压力越来越大。活跃在中国北部边境另一侧的骑在马背上的游牧民族结成联盟,由此极大地提高了他们的战斗力。这个匈奴人的联盟向南挺进,想要逆转中国的开疆拓土,并且在冒顿单于的领导下取得了

---

① 中央帝国,又称中华帝国,是明清以来西方国家对中华地区政权或者中原王朝的称呼。——译者注

成功，他仅仅用了几年时间就夺回了因新生的帝国向北扩张而失去的土地。中国方面出兵反击，但一次复仇行动失败了，中国人暂且只能以其他方式处理战争后续，这也是传统的解决方式：和亲和纳贡。北方沿线的长城不得不被永久废弃，远在其南边的一段则经过协商成为共同的边界。随后在相对和平时期，长城成为了蒸蒸日上的贸易往来的一个重要中转站。

直到"战争狂人"汉武帝时代，即公元前2世纪末，才又发动了抗击匈奴联盟的战争，在他的统治下，中国的领土也得到了前所未有的扩张。最终，中国军队战胜了匈奴。这次在西北部也赢得了不少疆土，同样需要修建边界墙来保卫它们。于是，中国长城又增加了1000多公里的防御墙：现在，它向西延伸到今天甘肃省的玉门关，这是丝绸之路上的一个重要关隘。长城再一次博得经济上的重要性，很大程度上保障了这条重要贸易通道的安全，这条国际通道不仅可供商品交换，而且还促进了知识、观念及宗教的交流。

经过几个世纪强权政治的混乱，中国内部政治崩离，军事力量受到削弱，不得已再次丢失了北部和西北部敏感地区的大片疆土，此后在公元6世纪末，隋王朝再次建立了统一的国家。隋朝皇帝开始兴修雄心勃勃的宏大工程，包括再次将长城向西延伸几百公里。又有许多人被征召去修筑长城，其中依然有相当大比例的人为此丧生，据估计甚至两个人中就有一人死亡。征战高丽也损失惨重，造成了极其可观的人员伤亡。与中国的第一位皇帝一样，隋王朝亦是雄心勃勃，但同时也给人民和国家经济带来了沉重负担，极大程度上透支了国力，因此隋朝统治仅仅十三年，全国各地的起义便风起云涌，把它推翻了。接下来的唐王朝把天下治理得更好，在唐朝皇帝的统治下（其中还有一位中国历史上唯一的女皇帝），中华帝国在经济和文化上得到蓬勃发展，直到公元10世纪再次分崩离析，北部地区落入满族的前身女真人手中。

1280年，中华大地落入蒙古人（欧洲当时称其为鞑靼人）的统治之下，他们早在1234年就征服了中国北部地区，灭掉了那里的金朝。在成吉思汗的统治下，蒙古人建立起一个新的王朝，凭借所向披靡的军队和众所周知的残忍，这个王朝不仅令整个亚洲闻之胆寒，他们的侵略还深入到欧洲腹地。北方的长城又一次未能阻挡住蜂拥而至的来犯之敌——虽说蒙古军队用了四十多年时间才征服整个中国。尽管在随后几十年，中国遭受着蒙古人的军事独裁之苦，但也得益于蒙古帝国向欧洲的扩张，因为贸易得到了促进。这也是威尼斯人马可·波罗足迹遍布中华大地的时期，显然这是他自己的说法，对此存在极大争议。在他的游记中，一次也没有提到过长城。这正是许多疑窦重重的读者怀疑这位伟大的旅行家是否真正来过中国的原因之一。传到欧洲的最早并且真实可信的有关长城的报道，出自16世纪末以后来到中国的耶稣会士笔下。

今天，来自世界各地数以百万计的游客看到的长城，修筑于1368—1644年间，是长城最后一个建设阶段的成果。在实施专制统治的大明王朝，尤其是1493年以来弘治皇帝当政时期，对长城进行了全方位的扩建和新建：更坚固、更高、技术更先进，并且完全由石头和砖块修筑。依照最新技术水平修建抵御蒙古人的保护墙，似乎是明智之举。当时，明朝皇帝也许已经取代了蒙古统治者，但却难以认为来自北方的危险已经消除，因为边境另一侧的游牧民族仍然对中国蠢蠢欲动。长城上，通常每隔几百米就会修建一个大约12米高的烽火台，用来传递信号和存放兵器——估计总共有大约25000座烽火台。此外，在国境以内还有数千座烽火台，一旦有外敌入侵，可以通过燃放烽火，将消息火速传送到首都。

但即便是这座重新修筑的宏伟边界墙以及为保卫它而部署的30万戍边将士，也没能阻止北方的游牧民族再次入侵中国，从而加快了明王朝的覆灭。17世纪初，满族各个部落结成联盟，不过这时距离大明王朝的陨落，还有三十年。1644年，满清的摄政王多尔衮越过长城，攫取了中国的统治权，国内灾难性的起义和暴乱加速了这一进程。一位明朝总兵大概为了自保，打开了长城的大门，满清大军因而可以长驱直入，进犯中华大地。不到六个星期，他们就打进北京城，自此，满人开始了在北京的统治，这座城市被定为国都已有将近四百年历史，尽管中间时有间断。他们建立了中国最后一个王朝：清朝。然而，清朝皇帝必须先在全中国推行其统治，才能将中华帝国打造成亚洲无可争议的强国，如今，它的强国地位依然未变——然而他们自己，也就是满人，也在不断地被"汉化"，尽管他们做出了种种努力，试图避免这一结果。

至此，中国长城作为一座其实并非很有效的军事堡垒已经完成了使命，因为中华帝国的边境早就超出了旧日的防御线。这座宏伟壮观的功能性建筑荒废了，甚至被挪作他用——要么用作公共建筑所需的建材，要么变成了私人建房的原材料。直到今天，偏远之处的长城可能仍被用作廉价的采石场且不为人所察觉，即便最近几年，它已被正式纳入文物保护。现今，中国人对拥有这座人类历史上最大的建筑怀有的自豪感，大概是感受到西方的赞叹后才油然而生的：也就是说相对比较晚。20世纪初的中华民国时期，中国人自己才开始对中华帝国北方的"长城"产生浓厚兴趣。甚至要到70年代末期，中国长城才升格为中华民族的象征。

仿佛这座地球上最大的巨型建筑凭借纯粹体量还不足以纳入世界奇迹之列似的，几十年以来一直流传着一个说法：中国长城是地球上唯一能够从太空看到的人造建筑。这个传说源自1923年美国杂志《国家地理》中的一篇文章，这份杂志那时提出这一论断并不会招来麻烦，因为当年遨游太空还没有明显超出儒勒·凡尔纳的文学想象。几十年后，当载人航天飞行取得巨大成功时，西方的宇航员和东方的航天员①都无法证实这个20年代新闻界的惊天新闻：长城太窄了，因而无法从太空中识别出来。

2009年，国家方面对"长城"进行了全面测绘和重新测量，结果着实令人惊讶：这座世界上最大的建筑甚至比以前认定的还要大。长城的官方长度总计为8851.8公里——比预期的要长2500公里。该测量长度包括了这座中国北部防御墙的自然天险部分，即山川和河流。根据不同的建筑时代、自然环境和可用的建筑材料，长城的构成有很大的不同：时而是简单堆起来的土墙；时而用黏土和稻草筑墙从而增加一定强度；时而由石块层层堆叠而成，但并未使用填充材料；时而是填抹了黏土或者灰浆的天然石墙，因而坚固度更好；最终是为人熟知的用花岗岩和砖石砌就的城墙。与此相应，不同区段的长城耐久性也大不相同，时至今日，在一定程度上保存还算完好的大约只有513公里。不过，中国对长城的维护和重建还在进行中，因为这座有史以来最长的城墙自带十分正面的形象，在巨大旅游兴趣的推动下，已成为当今中国一个重要的经济因素。

---

① 航天员（Kosmonaut）与宇航员（Astronaut）意义相同，为区别起见，按照约定俗成，将被俄罗斯航空及航天局雇佣的宇航员或苏联的宇航员称作航天员。——译者注

十四

泰姬陵（印度）

早在"宝莱坞"出品的影片让全世界的电影迷对异国情调的印度充满幻想和怀恋之前很久，印度莫卧儿皇帝奢靡的宫廷生活就提供了完全可以与之媲美的、让人充满渴望的素材，尤其是对欧洲而言。在拥有不计其数财富的莫卧儿皇帝的帝国宫廷，穷奢极侈的生活、异域风格的哈来姆宫殿、东方情调的礼俗已然家喻户晓。莫卧儿一词在今天还用来表达财富、权力或者影响力的累积，并不是没有原因的。极其令人瞩目的政治成就以及一系列令人印象深刻的有着独特魅力和巨额财富的统治者形象都加强了对这个王朝的美化。这些统治者一方面是具有极强的权力意识、能征善战的统帅，同时也努力追求公正和智识，积极资助推进科学和艺术的发展。

在那些到印度旅行的同时代的欧洲人眼中，莫卧儿帝国不仅在统治和管理上堪称典范，而且异域情调十足，犹如童话世界，还拥有令人难以置信的财富。此外，这种相对和平并且富庶的状况持续了将近一百年，直至17世纪中叶，而且由外国访客亲眼所证。这种情况在沙·贾汗执政的三十年间，表现得尤其突出，他的宫廷生活特别看重光彩夺目、熠熠生辉。相反，普通百姓异常艰辛的生

活却极少有人关注——这大概是因为尽管存在种种差异,但与国内大多数人捉襟见肘的生存状况类似。20世纪初,波罗的海德意志人①、哲学家赫尔曼·凯泽林(Hermann Keyserling)深深为莫卧儿皇帝的各种才干以及非凡成就所折服,称他们卓越超群,欧洲的统治者中无人可及。

最能够代表这一时代的是一座建筑物的名字,如果只是说出它的名字——泰姬陵,在非印度人听来,似乎就可以唤醒所有竭力克制的陈词滥调。它绝对是印度最知名的建筑,也是全世界最著名的建筑之一。尽管听起来或者看上去都带有迷幻色彩,但它最初的用途却令人颇为悲伤:它是莫卧儿皇帝沙·贾汗为了纪念早逝的爱

---

① 波罗的海德意志人,指波罗的海东岸(主要是爱沙尼亚和拉脱维亚)的德意志居民,源自12—13世纪移民至该地区的德意志十字军和商人。尽管他们占人口少数,但从12—20世纪初,控制着这两地的政治、经济、教育和文化。——译者注

妃，命人为她修建的陵寝。

早在13世纪初期，印度的伊斯兰教统治者就创立了修筑宏伟陵寝的传统，莫卧儿帝国自1526年建立以来，将该传统发扬光大。自古希腊罗马时期至今，其他任何地方，都没有君王家族像谱写了三百年印度历史的莫卧儿帝国的皇帝那样，修筑了规模如此庞大、数量如此众多的陵寝。陵寝被视作对逝者最好，也是最有价值的纪念，时至今日，印度的莫卧儿王朝仍以其奢华的陵寝闻名于世。没有哪个国家能像印度那样拥有如此众多的陵寝。这些陵寝也并非没有引起争议：在印度教中，死者的尸体要火葬，并且抛撒骨灰，因为遗体被视为不洁之物——因而掩埋遗体的坟墓也是不洁的。根据《古兰经》为个人修建陵墓并不符合伊斯兰教的教规，属于异教作为，因为伊斯兰教从不允许对死者进行宗教崇拜。这些教规当然也特别适用于修建宏伟壮观的陵墓的印度。然而尽管如此，穆斯林的莫卧儿皇帝依旧继承并奉行其修建陵寝的传统。

从艺术的角度看，这方面与波斯的密切关系显而易见：文学和艺术同建筑一样，从中可以察觉在许多陵墓上体现得尤为明显的风格特点。在沙·贾汗的父亲贾汉吉尔统治期间，陵墓成了印度最受欢迎的建筑物，不仅为统治家族，也为国家的整个精英阶层而建。但这些陵墓中没有一座能与泰姬陵等量齐观，沙·贾汗也因此在17世纪将这一传统推至顶峰。

对从前深受印度教和佛教影响的印度进行伊斯兰教化，始于基督纪元的12和13世纪之交。北部很快就被建立于1206年的德里苏丹国控制，受到了中亚和近东地区多方位的影响。早在公元8世纪，阿拉伯人曾试图征服印度次大陆，但由于当地各国奋起反抗，并未取得成功。但这一次，统治僵化、严格把人划分为不同种姓的印度教国家，几乎无法抵抗这一极具扩张意识的宗教及其战斗意志高涨的战士带来的压力。几经起起落落，其中包括蒙古统治者帖木儿于1398年残酷征服德里，苏丹国成为印度诸侯国中的霸主，并且向南扩张，当它最终无法坚守住时，被莫卧儿帝国所取代。1526年，尽管苏丹国的兵力高达数倍之众，帖木儿和成吉思汗的后裔巴布尔凭借新型火器，最终令其惨遭屈辱性失败。随后，他建立起莫卧儿帝国，将德里城东南部的阿格拉定为其国都。这个帝国的社会制度——也是此后一个多世纪长治久安、和平富庶的基础——由他的孙子阿克巴创立。

在莫卧儿皇帝中，除了帝国的创立者巴布尔和巩固者阿克巴，极为英明的还有后者最疼爱的孙子之一：沙·贾汗，他于1627年掌权，领导这个帝国实现真正的繁荣兴盛。他不仅军功卓著，还大兴土木并积极促进艺术的发展。在觊觎王位的人中，他是最后的仅存者，他同父异母的兄弟以及其他王子要么去世，要么被作为异己排除掉。他父亲的爱妃，颇有影响力，并且权力意识极强的努尔·贾汗被软禁。在阿格拉举行的加冕典礼场面盛大隆重，深受民众爱戴的新皇帝沙·贾汗获得了极大的认可。尽管如此，他必须与他的先辈们一样，坚定地反对叛乱。

沙·贾汗统治这个国家长达三十年，疆土西起阿富汗，东到阿萨姆，北接克什米尔，南至戈达瓦里河：面积是欧洲的一半。先辈们之前的努力令沙·贾汗受益匪浅，他们给这个帝国搭建了一个坚实的社会结构，构建了一套高效的管理机制。外来的旅行者介绍这个国家时，称其有着安全的道路、有效的法律体系和繁荣的经济。

但沙·贾汗生命的最后几年既没有那么成功，也不怎么辉煌：在他重病缠身之际，他的三儿子奥朗则布取代了他最钟爱的儿子及心目中的王位继承人，接管了政权。沙·贾汗病愈以后，生命的最后几年都在软禁中度过。在莫卧儿帝国，有关王位的继承并没有明确的规定,相反,一般情况下,王子们不得不为获得王位展开激烈的斗争——因此,他们中间最有能力的人才能坚持到最后。这一次,奥朗则布成功地战胜了他的父亲和兄弟们。

至于莫卧儿王朝统治的对外形象和自我认知,浮夸地以严苛的繁文缛节管理宫廷,在促进艺术以及大兴土木方面,起到了有益作用。在富裕繁荣时期,国库充盈,统治者们可以把钱花在战事之外的其他地方。沙·贾汗投资修建了运河等公共项目,而且在能够彰显其辉煌和荣耀的地方,尤其舍得花钱。他命人用大量黄金打造了印度统治者那件巨大的、状似卧榻、现已佚失的孔雀宝座,宝座上镶满了珍珠和各种宝石,如果亲眼见过宝座的人说法可信的话。其中一颗宝石就是具有传奇色彩的钻石"光之山",当年曾经重达186克拉,如今是英国王冠上重达110克拉的主钻。

沙·贾汗被载入史册,主要是因为他投资修建了大量建筑,将莫卧儿王朝时期的建筑推向了巅峰,正如他的父亲贾汉吉尔在绘画方面所做的那样。沙·贾汗命人修建了宫殿、花园、清真寺,甚至一座崭新的都城,还有多座陵寝,其中最杰出的无疑就是泰姬陵。沙·贾汗大兴土木,不仅是作为印度莫卧儿王朝统治阶层面向后世的代表,而且是出于个人对建筑的热情。在帝国各个角落的每一座重要城市,他都命人兴修了建筑,材料通常使用的是他特别钟爱的白色大理石。

作为莫卧儿帝国的国都,当年的阿格拉的核心地带是一座花园城市,它略呈长条形,只允许少数人进入,豪华的公园沿亚穆纳河靠水的一侧如珍珠般连成一串,紧邻上层贵族中统治家族的宫殿。随着时间的推移,很多宫殿变成了陵墓,出现这种情况也是因为宫殿主人去世后,他们的土地并没有重回统治者手中。在修筑泰姬陵的时代,它并非像今天那样相对与世隔绝,而是亚穆纳河两岸古老的阿格拉城花园设施的一部分。

有规划地设计园林是莫卧儿时代建筑的一个重要组成部分。它以审慎的构思、精湛的技巧以及严格的对称性，表达了对自然的热爱，同时会让人想到这个游牧民族逝去的时代，并且象征着明君统治下，主要是沙·贾汗统治下国家的繁荣昌盛。按照理想方案，花园整体是正方形布局，十字形道路将其等分为四个部分。花园的中央是一处水池，或者外加一座亭子抑或一座墓茔。该区域四周有围墙环绕，拐角处的围墙上方建有塔楼。此外，对于坡度比较大的地区，还有阶梯式花园设计以及像泰姬陵这种水边花园设计。在这些地方，建筑物并没有建在整个园区的中心，而是位于水边的一处平台上。

与泰姬陵一样，这些花园常常被四条主路分成九个区域，中央建筑由八座亭子围在中间，它们分别代表穆斯林传说中的八个天堂。尤其在陵园中，8这个数字会反复出现。像这样将整个地段几何分割成九份，在意大利文艺复兴时期可以见到类似的设计。17世纪早期，一位来印度旅行的欧洲人注意到，这些花园在王公贵族生前，供他们修身养性、消遣娱乐，在他们死后，则用作陵园，即他们为自己修建的墓地。

热衷于大兴土木的统治者很容易产生建立一座新都城的念头，沙·贾汗也不例外。他不太喜欢阿格拉，而是偏爱德里，他想在那里的城外建一处全新的都城：沙贾汗纳巴德。沙·贾汗执念于在自己去世后仍然能作为一名伟大的君主流芳百世，他要比他深爱的祖父，也是他竭力效仿的榜样阿克巴更加伟大。一座宏伟壮观的新国都似乎跟史书中的歌功颂德一样，似乎都有助于此。所以毫不奇怪，沙·贾汗的编年史官总是要经受皇帝亲自进行的严格的检查。对于千古留名，可以炫耀的建筑遗产似乎是有效手段。

在红堡，一座以红色砂岩筑墙的壮观的要塞设施，建起了壮观的宫殿建筑，时至今日，那里还是旧德里最吸引人的名胜古迹之一。在沙·贾汗的新国都，修建水边花园是皇室家族成员和最重要的贵族的专有权利。朝廷迁至新国都沙贾汗纳巴德之后，阿格拉开始走下坡路，这位莫卧儿皇帝在生命的最后几年被他的儿子软禁时，衰落依旧继续。大概也正因如此，泰姬陵附近越来越多的贵族府邸变成了陵墓。

沙·贾汗最喜欢并且最重要的妻子是穆塔兹·马哈尔，1612年，他迎娶她为自己的第三位妻子。同代人赞美她十分美貌贤良，非常虔信，并且忠于自己的丈夫。莫卧儿皇帝的史官也不吝溢美之词，颂扬二人的伟大爱情：沙·贾汗宠幸其他女人并跟她们生下孩子，是他的职责和任务所在，但除此以外，他将所有的关注都给了穆塔兹·马哈尔，更为深沉的东西将二人彼此相连，因此他们婚姻幸福美满，在任何方面都完美无比，只有极少数人的婚姻能臻于此境。史官还不忘了补上一句，这位君王的爱妃从不干预朝政，言行举止完全合乎君王"身边女人"的要求。这样的暗示有可能是全然并且毫不隐晦地针对他父亲的妻子、与之共同执政的努尔·贾汗的。穆塔兹·马哈尔则相反，她从不逾越身份，只是专注于园艺，致力于慈善工作。

她生下的14个孩子中有一半早夭，1631年，最后一个孩子的出生最终要了她的命，当时她年仅38岁。据史官记载，面对突如其来的丧妻之痛，莫卧儿皇帝完全崩溃了。满朝上下都必须身穿白色的印度丧服，沙·贾汗有一个星期的时间完全不理朝政。显然，他当时有考虑把皇位禅让给他的儿子，但最终并没有这么做。他继续沉浸在前所未有的悲痛之中：拒绝穿装饰丰富、色彩鲜艳的服装，拒绝听音乐消遣，不修边幅，病恹恹的像丢了魂一样。儿子们的婚礼也被他下令推迟，穆塔兹·马哈尔去世的日子，也就是星期三这一天严禁任何欢快的庆祝活动。

莫卧儿皇帝的这位妻子先被葬在布兰普尔附近扎伊纳巴德的花园中，那里是她香消玉殒之处，后来才改葬在泰姬陵。在那里，她也是先被临时安葬在施工地点。她去世的每个周年纪念日（按照伊斯兰历）都会举行隆重的纪念活动，直到第12个周年纪念日，才终于为这座陵寝举行了落成典礼。然而，对陵寝进行艺术装饰又花了几年时间。根据传闻，沙·贾汗每次去她的陵寝祭拜时，都哭得昏天暗地，据说在他挚爱的伴侣死后，他的胡须瞬间变得花白。而她的陵墓，泰姬陵，从那以后被视为这位君王用石头谱写的诗歌，表达了君王对他逝去的妻子无尽的爱意，作为建筑，为纪念这位女子而修的建筑，它以其卓尔不群的方式与其优雅和静穆的高贵相得益彰。

向外界表达对女子的崇敬，在如今的穆斯林社会并不常见，在穆斯林的统治王朝也非寻常之事，更何况为她们修建宏伟的陵墓。

总的来说，纵览所有文明与时代，爱情对于王侯贵族而言极少是一件私人事情。位高权重之人几乎都得政治联姻，也就是说通过与某个特定的家庭结亲而达成目的联盟。由此可以获取领土上的利益或者建立外交同盟，又或者提升自己的身份地位。另一方面，历史上也不乏有实例证明，工于算计的理性婚姻有时也会产生非常伟大的爱情，但这些似乎更像是证明这一可悲规律的例外。因此，莫卧儿皇室可歌可泣的爱情以及促成修建这座壮观陵寝的充满悲剧色彩的浪漫环境，更多地为富有想象力的传说提供了素材。没有什么比一个强大君王的爱情因爱人早逝而以悲剧告终，更能激发人们的想象力了，而且这位君王还满怀痛苦和悲伤，将所有心思都用在了修建陵寝上，以此来纪念这段爱情和他的爱人。这座宏伟、同时又极富魅力并且在艺术上卓越超群的建筑，让内心悲痛不已的君王每次前来祭奠时都泪流成河，令人不禁要对其倾力美化。

穆塔兹·马哈尔去世没几天，泰姬陵的筹建工作就开始了。沙·贾汗希望修建一座穹顶建筑作为陵寝，这样的王陵此前只在德里为莫卧儿皇帝胡马雍修建过。为此只招徕最好的专家，从很远的地方将最好的建筑材料运至阿格拉。两万名工人被迫在这个皇家工地劳役。遗憾的是，当年大量的建筑档案和其他有关泰姬陵建筑史的客观且富有启发性的信息都没有保存下来。我们也不知道泰姬陵的建筑师是谁，就是因为当年投资修建它的皇帝不希望自己无与伦比的地位受到撼动。时而有坊间流言称，泰姬陵是欧洲建筑师设计的——尤其是来自欧洲的游客不愿意去相信，当地的建筑师有能力实现这等最高成就。毫无疑问，沙·贾汗启用了最杰出的建筑师——但他们来自印度，这一点早就得到了确证。皇帝作为投资修建者非常认真地陪同并决定了整个设计和建造过程，每天都召集他的专家团队共同商讨并征询意见。

从一开始，泰姬陵就被规划为伟大的建筑物，而且可以在未来的千秋万代展现其建造者是一位伟大的君王。沙·贾汗不仅要借此来纪念他的爱妻和他的爱情，同样要为自己、为他的统治和印度莫卧儿王朝的辉煌与荣耀树立一座纪念丰碑。这样看来，这座建筑在两个方面服务于身后目的：既是陵墓，也是留给后世的纪念碑。事实上，在沙·贾汗去世近四百年后，后世面对这位君王下令兴修的建筑时，依然惊叹不已。就这一点而言，同样从一开始就确定了，泰姬陵也是为这些参访者修建的。也就是说，21世纪不计其数专程前来参观的旅行者属于这座陵墓建筑设计规划的一部分。

这片开阔的长方形土地四周有围墙环绕，每个拐角处的围墙上方都耸立着由圆柱环建而成的亭子。主入口从南边通向一个非常大的庭院，真正的陵寝则建于河岸对面庭院的窄边上。陵寝的入口是一座壮观华丽的红色砂岩大门，上面镌刻着阿拉伯铭文。

这座长方形建筑群由今生区和来世区组成。当年，同时代的参观者通过朝向市集和商贸区的南门进入这片开阔的区域，一个树木林立并且建有拱廊的陵园。然后还得穿过一片过渡区域，那里的两侧都耸立着陵寝守卫和规模较小的建筑，才能从华丽的南门到达来世区。来世区以陵寝为主建筑，左侧是清真寺，右侧是一座集会大楼，它们共同构成彼岸部分。前往真正的陵寝，须经过中央花园——整个建筑群的心脏地段，与天堂花园相对应——大理石道路沿水池而建，水池构成整个纵轴线并且环抱着花园中央一处高起的四方形水池。现今，用作入口的主要是通往过渡区域的两个设计完全一样的侧入口。

由南至北惬意地行走在这条路上，游览者可以欣赏到整座陵园的建筑精华：真正的陵寝。它高58米，耸立在一个边长100米的正方形大理石平台上，平台的四角建有状似宣礼塔的纤长塔楼。气势恢宏且完全对称设计的陵寝由白色大理石建造而成，八面外观极尽绰约优雅，其核心区域安放着沙·贾汗和他的妻子穆塔兹·马哈尔的灵柩。建筑外墙雕饰有奢华的象征天堂的花纹和图案，白色大理石上还镌刻着充满艺术感、令人印象深刻的黑色阿拉伯铭文。伊斯兰教禁止图像，这也就使得《古兰经》的经文成为穆斯林艺术中主要的建筑装饰元素。泰姬陵的铭文比其他任何一座穆斯林建筑都要多，除却陵寝本身，正门和清真寺也镌刻了铭文：总共涉及25段《古兰经》的经文，其中包括14个完整章节。

墓室又是一个八边形大厅，位于穹顶的正下方，这里是参观游览的目的地和高潮，修建时希望创造一种可以永恒存在的音响效果：世界上其他任何建筑都无法产生如此持久的回音。穹顶本身就是穆塔兹·马哈尔升入的天堂的象征。最后，在陵寝的后方建了一个宽阔的平台，可以眺望到亚穆纳河，然而现在的水流量要比印度莫卧儿王朝时期少了很多。

1658年，奥朗则布将他的父亲软禁在阿格拉的红堡，接管其权力以后，被囚的皇帝就整天沉浸于礼敬神灵，泰姬陵始终在他的视线范围内。当他感到自己寿数将尽时，便着手准备自己的身后之事，然而在他儿子的授意下，葬礼未能像他计划的那般奢华。没有举行隆重的仪式，直接用一条小船将檀香木制作的棺椁从红堡运送到泰姬陵，将亡故的莫卧儿皇帝安葬在了他心爱的妻子身边。

在莫卧儿皇帝奥朗则布统治期间，莫卧儿帝国的疆域最终达到巅峰，不过同时也极大增加了统治的难度。在管理庞大的疆土方面，奥朗则布并不像他的先祖们那般成功，莫卧儿帝国开始摇摇欲坠。此外，这位严厉的穆斯林对于其臣民宗教多元化的尊重程度也不如以前的莫卧儿皇帝。到了18世纪，这个帝国在他的继任者手中逐渐分崩离析，变成了一个松散的国家联盟。因此，它很容易就成为了英国殖民欲望的牺牲品。

几个世纪以来，泰姬陵散发出的庄严与优雅，给参观者留下深刻的印象。沙·贾汗被罢黜后不久，法国的科学考察旅行者弗朗索瓦·贝尼耶（François Bernier）就来到了印度，在那里度过了十年时光，他曾经表示，与不讲究造型的埃及金字塔相比，泰姬陵更应该获得世界奇迹的地位。有报道称，沙·贾汗曾计划让人在河的对岸用黑色大理石修建第二座陵寝，用作自己最后的归宿，但施工进展不是特别快，该说法纯属传闻。这个错误信息源于另外一位来印度旅行的法国人让-巴蒂斯特·塔维涅（Jean-Baptiste Tavernier），他是在1665年沙·贾汗去世前不久游访阿格拉的。

因为这个经久不息的传闻，20世纪90年代在亚穆纳河畔展开了考古挖掘，最终徒劳无果。鉴于沙·贾汗与他的妻子穆塔兹·马哈尔动人的爱情故事，将这位莫卧儿皇帝安葬在他妻子的身边或许更为合适——尽管这样做会对整座陵园最神圣的建筑内部严格的对称性多少有些影响。

十五
清水寺（日本）

亚洲文化被认为非常具有传统意识，跟儒家思想及其尤为尊重传统事物关系匪浅。这种尊重一直延续到今日，对于日本而言同样如此，日本位于亚洲大陆前沿，是一个群岛国家，由四个主要岛屿和数千个比较小的附属岛屿组成。在这个日出之国，传统得到维护并且焕发着生机，就是因为它们可以建构身份认同，实现社会角色，它们作为匆忙的现代生活的对立面让人平静和心安，并且赋予其时间和文化上的深度。尤其在古老的皇城京都，茶道的故乡，丰

富的茶文化已然形成自己的哲学，寺庙和神社也一直受到满怀敬意的维护、参拜和尊崇。田园诗般绿意盎然的京都被视为日本的心脏，附近的大阪则被称作日本之腹，今天的首都东京是日本的头脑。这颗心脏之所以充满活力，不仅因为那里有许多艺术瑰宝和寺庙、花园和文物古迹，而且源于京都从总体上看是日本最重要的文化和教育之都这一身份。

在基督纪元最初的几个世纪，朝鲜半岛是中国影响流入日本的推动者和文化桥梁。通过这一传播途径，许许多多的革新传到了亚洲的最东端：从水稻种植技术到蚕桑文化，再到丧葬礼仪，从中国文字到佛陀和孔子的学说。公元600年左右，佛教正式向日本传统神道教发起挑战，争夺日出之国权威宗教的地位。在佛教的帮助下，日本逐渐形成了一个官僚制的中央集权国家，掌权的是强大的官僚集团和强权的天皇。但这两种宗教却并驾齐驱，甚至彼此兼容它们的影响。佛教源于印度，取道中国和朝鲜半岛后对日本产生了影响，然而绝对没有取代由来已久的日本神道信仰。更确切地说，这两种宗教彼此促进，互相取长补短：神道教倾向于现世和真实的地方，而佛教则注重超验的事物和难以安放的灵魂。因此，这两种宗教之间的界限完全是模糊的。直到今天，还有许多日本人称自己同时是这两种宗教的信徒，京都的寺庙通常不太在意对它们进行精确的区分。

公元8世纪之前，早期的日本总是频繁更换国都，因为死亡、自然灾害或者粮食歉收令它们丧失了公信力，而且人们把这些天灾人祸归咎于国都内的邪恶势力。此后，位于日本主岛本州岛南部的奈良（当时称为平城京）成为了第一座固定的首都，至少在四分之三个世纪里是政府所在地。佛教早就成为一个政治力量因素，其顶层人物甚至觊觎天皇的宝座，但徒劳一场。佛教试图夺取政权这一闻所未闻的意外事件发生以后，国都再次迁移，不仅是为了遏制宗教的政治影响，也是出于经济原因。短暂定都长冈京后，公元794年，奈良以北的一个地区被选作新的政府所在地和国家的中心，而且就此延续了一千多年：平安京（寓意"和平与安定之都"），也就是今天的京都，它被堪称屏障的群山环绕，一派田园风光，只是气候条件欠佳。从那以后，邪恶势力的影响应该是肃清了——这一切的保证就是，严格按照风水来设立新的定居点并且为了限制僧侣的影响，禁止在新国都的中心修建佛教寺庙。京都最初只有两座寺庙：城东的东寺和城西的西寺。而今天，日本没有哪个城市拥有比皇城京都更多的寺庙和神社，总共大约2000座。

恒武天皇在其长达二十五年的统治期间，下令迁都并且对国家进行了一次行政改革，被许多人认为是日本历史上最有影响力的天皇。平安京效仿当时中国的国都长安而建，平面布局呈对称结构，以皇宫为中心，皇宫是一座占地面积辽阔、戒备极其森严的城中城，整座京都城都是依循它而建。六条水道穿城而过，连同数千口水井一起为花园供水。中央大道堪称当时世界上最宽的街道——不仅因为它给人的印象非常壮观，而且一旦发生火灾，还可以用作防火隔离带。那时最重要的建筑材料是易燃的木材。然而，这一预防措施未能阻止得了，一次次火灾将古老的平安京烧得所剩无几——仅皇宫就焚毁了十多次。

富丽堂皇的宫廷排场迅速在新建的皇城里开启了文化上的繁盛时代，也就是"日本古典主义时期"——科学得到了大力扶持，尤其是美术和文学作品，它们大多由受过良好教育的宫廷女官创作。文学在当时格外受到推崇，因为它有利于提高皇后的声望。这样一个与世隔绝、清闲舒逸的小世界得以产生伟大的文化。但不仅仅文学和艺术，观赏自然或者月夜沉思也是宫廷社会最喜爱的活动。

然而，这种清丽唯美、异常精致的文化属于一个人数极少、过度敏感的精英阶层，其中隐藏着一个常见的危险，即宫廷与国家和人民彻底脱离：宫廷逐渐失去了对土地的控制，地产的丧失带来了政治危机。在这个国家的各个令制国，国守和国介的势力越来越大，最终对皇权形成极大的威胁。12 世纪，日本发展成一个封建国家，拥有大量土地、实力雄厚的武士家族在很大程度上限制了皇权，他们彼此之间争斗不休，以求能够左右天皇，其中尤以源氏与平氏两大家族为甚。最终，幕府将军作为军事统治者从他们的权力中心镰仓①统治日本，天皇则只被赋予更具代表性的任务。

公元 14 世纪，幕府将军将其军事管理机构迁至皇城京都，但这个国家依旧四处内战，处于混乱的状态中，实力雄厚的家族为争夺霸权相互之间斗得你死我活。京都曾多次毁于兵燹，例如在 15 世纪血腥的应仁之乱中，这座城市几乎化为焦土。但历经数百年的混乱和动荡，一个统一的日本终于脱胎而出。在这个统一的过程中，第一批欧洲人在 16 世纪中叶来到日本，最初是葡萄牙商人，不久，基督教传教士便接踵而至。当地人称他们为"南蛮"——此外，他们还带来了新式火器，这些东西不仅令人印象深刻，而且给争斗不休的各方带来重要的军事优势。1576 年，京都建起了第一座教堂。

天下人②丰臣秀吉是一名伟大的政治家，不可思议的是，他竟出身于普通农家，是他给这个国家带来了更加安定的局面。1585年起，他命人重建国都，希望它的辉煌可以给自己增光添彩——这位出身贫寒却平步青云的一代枭雄认为，有必要通过建筑的形式彰

---

① 镰仓，镰仓时代幕府的政治中心。——译者注
② 天下人，指以武力夺取天下的人，衍生自织田信长提出的"天下布武"，即"以武家的政权来支配天下"。——译者注

显国家的复兴。丰臣秀吉命人重建了皇宫，下令将一百多座寺庙迁至城中指定的区域，又为这座城市修建了新的街道和桥梁，新的寺庙和房屋，防御工事以及一尊巨大的佛像。仅修建佛像这一项工程，就役使了两万名劳工。此外，该工程还有一个作用，即解除潜在的反叛分子的武装，因为虽说不能化剑为犁，但还是可以熔铸成这座塑像的。

对京都来说，这位天下人的当政意味着，历经长时间的动荡并且饱受摧残以后，又重现繁华。不仅城市的外观逐渐恢复了旧时的风采，文化也再次获得昔日的辉煌和地位。出身贫寒的天下人力图得到高贵且深受文化浸淫的京都及其精英阶层的认可。新的国都以惊人的速度建成，但丰臣秀吉意欲建立帝国的宏愿始终未能实现。他想一跃成为亚洲大部分地区的统治者，但与他之前和之后有着同样执念的其他统治者一样，实属不自量力。

从17世纪早期至19世纪中叶的江户时代，封建制度的日本在长达两个半世纪里处于锁国的状态。对内，这个国家由武家摄政者，即幕府将军，施行铁腕统治，其中一些堪称极权主义者。重新划定了最终的276藩，藩主们必须将家庭成员送到现在的权力中心江户，也就是今天的东京，作为人质，这样他们会打消那种执拗地夺取政权的念头了。极其从众并且严格划分为五个社会等级的日本决定，不能轻易成为将触角四处延伸的欧洲的牺牲品。一如当年恒武天皇曾经想让那些权力意识变得过于强烈的佛教僧侣远离新的国都，德川幕府时代也以这样的方式来面对世界的其他地方：必须拒它们于国门之外。让他们有足够理由这么做的，是以耶稣会为主、使命感爆棚的传教士，现在这些人要么被谋杀，要么被驱逐。此外，原因也可能是权力的巩固，这时不需要外部的影响。自1611年以来，基督徒一直受到迫害，后来，基督教在日本被完全禁止——由此引发了一场血腥屠杀，数万名基督徒中只有一小部分幸存了下来。此外，自1638年以来，日本人也被禁止离境，违者会被处以死刑。这种锁国可以使日本在很长时间里与世隔绝，也有可能将那些被视为积极的影响封闭掉了。另一方面，日本迎来了一段非常漫长的和平时期，而在世界其他地方，殖民列强为了争夺势力范围、原材料和销售市场打得不可开交。

在对外贸易方面，荷兰的东印度公司之所以能够实现垄断，就是因为荷兰人为了商业利益直截了当地放弃了所有的宗教野心。西班牙人和葡萄牙人也从事海外贸易，但同时极其热衷于传教，至于他们做下的其他事情，在此期间早就广为人知了。然而，荷兰人——被安置得非常偏僻而且不会过于引人注意——只能在离港口城市长崎不远的一座名为出岛的人工岛上从事贸易活动。

京都尽管依然是国都，但现在都是由江户做决策。京都与江户之间扩建了主要道路，往来交通繁忙了许多，在这条大道上设立起通信体系，三天之内即可将信息从一座城市送达另外一座。即便如此，这座日本最古老的城市仍旧是文化之都、最重要的贵族驻地和全国第二大城市。就传统与旧时的意义而言，它一如既往地是最能够代表日本的城市，在各个藩国，大都按照它的样式来修建自己的居城。这座古老的皇城相对平静：在长达两百多年的时间里，没有一位幕府将军造访过京都。天皇虽然只可以履行比较多的典仪上的事务，但即便如此，也因为资金有限而受到限制。城中失去了权势的贵族们倾心于传统和文化，沉迷于园艺、建筑和手工艺术。

著名的清水寺就建成于这个时期，其历史却可以回溯到公元798年。这座寺庙本属于一个比较小的佛教宗派，据传说，它是在公元7世纪中叶从中国传入日本的。多座前身建筑屡遭火灾而焚毁殆尽，几乎没有留下任何东西。今日的绝大部分寺庙建筑都建于

1633年。只有在整个建筑群的西侧，才保留下来了几座更为古老的建筑。毕竟此前几十年间，统一日本的天下人丰臣秀吉经常去那里，也喜欢去，还一直给这座寺庙捐赠香火钱。由此，寺庙得以提升地位，香火更加兴旺，后来便进行了扩建。又一次遭受毁灭性火灾之后，整个建筑群最终又很快重建起来。

幕府将军在他们漫长的统治时期里，也大力扶持这座寺院。各个藩国——就如普遍仿照京都修建居城一样——尤其将清水寺视作典范，很多地方都在仿建它。它昔日的名气几乎不亚于今天，当时所有的城市游览指南都会提到它，并且对它赞誉有加。18世纪时，任何到访京都的人，都不会忘记去清水寺看一看。

1853年，美国海军准将马休·佩里的舰队结束了日本自己选择的锁国状态。美利坚合众国不想再错失与日本贸易的机会，另外，它正设法在通往捕鲸区和中国的海路上建立基地，因为在此期间它已将领土扩张到了加利福尼亚的太平洋海岸。随着实力的展示，美国逐渐迫使日本打开了国门，由此所带来的后果当然远远超出了贸易自由：在接下来的几十年中，日本经历了翻天覆地的变化，因为与世界的接触带来了影响、观念和倡议上的碰撞。自从德川幕府成为强弩之末，这个国家急需新的动力时，这种情况越演越烈。同时，也存在相当多的顾虑、恐惧和阻力，特别是在古老的京都。

权力关系再次朝着有利于天皇的方向发展。几百年来一直遭受排挤的天皇猛然间增加了权威，而眼下已然羸弱的幕府将军不得不接受这一事实。在一场短暂的内战之后，天皇在日本重新掌权——但执政地不再是京都，而是江户/东京。这给古老的皇城造成了实实在在的后果，不仅有损它的声望，也影响了它的经济和文化。在世界各地，王侯的宫廷都会委以各种任务，满足定居人口的粮食需求，但也使他们依附于宫廷。一旦这个给养之源被拔除，对于城市的影响立刻就会显现出来。

经历了突如其来的变化带来的短暂冲击之后,京都——和全国其他地方一样——开始着力于现代化,而不是注重传统,似乎这座古老的皇城不想输给新首都东京。从长远来看,这使它得以成功保住自己日本心脏的地位。

从那时起,日本飞速地发展成一个工业国家并且——在经历了第二次世界大战的灾难以及广岛和长崎的原子弹袭击以后——成为一个具有西方特色的经济强国。美国的战略专家也考虑过把京都选作投放原子弹的地方,但美国的战争部长曾去过一次京都,就是这样一个事实将它从毁灭的厄运中拯救出来。

日本效仿西方的模式,急速发展成一个工业国家,京都也没有错过这样的发展。如今的京都是一座向世界各地销售任天堂游戏的高度现代化的城市,拥有各种舒适便捷设施,它同时也是一座有着日本古老传统和热爱自然的教育之都,散发着文化活力,这两者相结合,使得京都既没有忘记自己伟大的过去,也未曾僵化成一座漂亮却毫无生机的博物馆之城。旅游业依然是这座城市最重要的收入来源。

在追寻古老事物的游客的打卡点中,清水寺依旧排在必去名单的首位。尤其是日本晴和的初秋集合了浓淡相宜各种颜色,呈现给游览者一幅色彩斑斓、令人难以忘怀的画卷。那里的景色令人流连忘返,周围风景优美如画。

清水寺有一处开阔的平台,紧邻峭壁,高高地俯视着京都城,它与主建筑一样,建在一个令人印象深刻的木质结构上。同样令人印象深刻的还有高高耸立的三重塔。寺院之内有一条瀑布倾泻而下,直流山谷,寺名也因其而来。

这座寺庙绝不仅仅是一座博物馆,它作为宗教场所依然还在使用中。寺庙内有一处神灶，以福佑良缘闻名，就连思想前卫的现代人，也常常会受其吸引做出一些迷信的举动。还有一对相隔18米远的"恋爱占卜石"，谁若想得到爱神的护佑和祝福，一定要闭着眼睛准确地从其中一块占卜石走到另外一块。尝尝泉水，检验一下它神奇的功效，同样深受欢迎并且沿袭了古老的传统。另有一处神灶供奉的是地藏菩萨，旅游者的佑护神，参观这座寺庙的游客也非常多。其他常见的游览者是叽叽喳喳的女学生，她们穿着校服，咯咯笑着，迈着轻快的步子穿梭在一座座建筑和花园之间，互相读着刚刚拿到的御守。

此外，那座高悬空中、可以俯瞰全景的平台永远驻留在了日语的惯用语中：当你置身于139根粗壮木柱支撑的平台之上，俯视山谷时，便会立刻顿悟，为什么"从清水舞台跳下去"这句日语习语意味着毅然决然做某事的决心。根据民间迷信，谁若勇敢地从这个13米高的平台跳下去，就可以实现他所有的愿望。据说自17世纪以来，从这里跳下去的人当中，大部分都还算安然无恙地活了下来，其原因就在于平台下方的植被非常繁茂。至于他们的愿望是否实现，并没有详细地流传下来。如今，出于安全考虑，已禁止从上面往下跳——无论传统与否。

十六
新天鹅堡（德国）

纵观历史，人类对于童话中的王子和公主表现出巨大的需求。如此这般，自然有足够的理由：梦幻般的渴望，奢华的娱乐活动，代表了自己的愿望，神奇地改变卑微的日常，等等。在现代世界里，虽然贵族后裔被大大小小的明星、演员、模特和流行偶像掩去了诸多光芒，但只要是关于他们的信息，即便有错，也没多大新闻价值，仍能登上高光纸印刷的精美杂志，在世界各地美发沙龙里，等候的顾客满是好奇地浏览它们打发时间。

与真正的童话人物一样，这样的王子和公主永远都存在，因为他们的故事传遍了世界的各个角落。就这点而言，英国王妃戴安娜即便已经去世了几十年，对于后世来说，跟《一千零一夜》中坚持讲故事的德山鲁佐德一样鲜活。同样还有那些香消玉殒或英年早逝的电影明星，例如玛丽莲·梦露和詹姆斯·迪恩，至今依然可以在银幕和屏幕上看到他们完美的容颜。其他童话般的人物继续活在他们的建筑之中，尤其是巴伐利亚国王路德维希二世，时至今日，他的故乡每年能够靠旅游业获得可观收入，仍要归功于他：他修建的那些童话般的宫殿，是除了慕尼黑啤酒节之外，德国南部这个自由州是最吸引游客的地方。在德国，无论在什么地方，只要提到"童话国王"，每个人都会立刻知道，指的是巴伐利亚的路德维希二世，然而他的一生用"悲剧"二字来形容或许更为贴切，根本没有什么童话色彩，而是悲惨地走向了终点。

尽管偶像的故事一般都呈现得非常吸引人：他们中的大多数却并未拥有童话般的幸福生活。梦露成功了，但她一生都深受自卑感的折磨，对不幸的童年也无法释怀。戴安娜王妃因为王储对她缺少真爱，因为英国王室令人压抑的僵化而痛苦不堪。巴伐利亚国王路德维希二世苦闷于当时德国的政治发展状况，为自己的生不逢时感到痛心不已。在写给作曲家理查德·瓦格纳的一封信中，他曾经谈到那个"总体上没有什么可以爱的现在"。他毫无节制地大兴土木，这让他的大臣们近乎绝望，在他们眼里，正是这一行为令整个国家濒临崩溃的边缘，就他自己而言，也并未从中感到幸福。他始终被困在一个金丝笼子里，尽管他可以根据自己的想法去设计它。童话王子和童话公主的故事有着惊人的生命力，这让历史学家一直感到苦恼。若是遗留有看得见摸得着的东西，一旦它们被当成小道消息广为流传，甚至被用作有力的证据，历史学家就更加难以澄清了。以巴伐利亚的路德维希二世为例，他身后留下了多座宫殿。它们给人以某种暗示，即路德维希根本无心政务，他当国王只是为了满足他那臭名昭著的建筑瘾。

然而，就路德维希来说，情况恰恰相反：虽然他还是小王子的时候，就为他的建筑成瘾早早埋下了热忱的种子，但直到后来，当他无法按照自己的设想去治理国家，这样的经历让他失望至极时，早年的种子才生根发芽，最终表现为一种偏激的方式，变身为建筑狂魔让他寻求到了某种内心的平衡。一方面，路德维希——与同时代的其他德国统治者并无不同——无法实现一些陈旧的、谋求国王权力的绝对君主制想法。另一方面，他也无法阻止，巴伐利亚王国作为德意志土地上的中坚力量虽然非常重要，但是与普鲁士王国相比，却一而再、再而三地受到冷落。最终，他或许也因自己的无能为力而感到痛苦不堪——他完全具备必要的政治洞察力，足以对不可避免地会影响到巴伐利亚的时局发展做出冷静的判断，但是却发现自身缺乏政治手腕，无法在可以接受的底线之上争取更多。他左右权衡，必定会得出这样的判断：鉴于当时的情况，任何人处于他的位置上，都没有办法阻止普鲁士国王最终成功称帝。

1864年，正值18岁青春年华的路德维希继位执政，不久，他的政治热情便消耗殆尽。他所理解的君主政体，体现了绝对君主制的统治理念，与巴伐利亚王国的宪法相悖逆，这个宪法于国王而言不啻为政治枷锁，后来到了路德维希，竟演变成了真正的枷锁。他的晚期绝对君主专制的立场以及强烈的个性更切合该宪法中对国王的描述，即国王当是"神圣而不可触犯的"，然而，这更像是宪法中华而不实的抒情诗。在德意志帝国①成立前的几年间，另一个重要事件令德国政界倍感担忧：在1866年的普奥战争中，巴伐利亚王国站在了处于劣势的奥地利一方，不得不与实力雄厚的普鲁士一决胜负，如今属于战败方。路德维希审时度势，非常清楚地认识到，随着战败，他的政治活动空间会进一步缩小。退位去当个富贵闲人似乎是一个很有吸引力的选择，但国王只是考虑过这个可能性，并没有付诸行动。不切实际的政变幻想自然不可能实现。于是乎，他反而遁入了内心世界，只在无法避免的时候，才去触碰现实政治——也就是鉴于德意志帝国即将成立，与普鲁士达成某种妥

---

① 德意志帝国，通常指从1871年普鲁士完成德意志统一到1918年霍亨索伦王朝最后一任皇帝威廉二世退位为止的德国，往往也被称作德意志第二帝国。——译者注

协。路德维希躲避着对其政治生活与国王身份的种种限制，也在尽可能地回避所有人——但他仍然是一位极其认真、非常遵循理性，同时以巴伐利亚利益为主导的王国统治者。以前曾有观点认为，这位童话国王很早就脱离政务，对其间产生的重要政治问题漠不关心，现如今，这些看法已经遭到了驳斥。

但巴伐利亚王国最终只能接受德国不平等的权力分配，加入由不受欢迎的普鲁士领导的新成立的帝国，而且还要在那封著名的皇帝谏书中签字，恳请普鲁士国王威廉登基称帝——这一切让骄傲且内心分裂的路德维希实在忍无可忍。在写给他叔叔卢伊特波尔德的一封信中，他心灰意冷地说起了这个"荒唐的德意志皇帝骗局"。

不管怎样，路德维希试图通过向强大的普鲁士做出这一让步，在政治上尽可能多地为巴伐利亚谋求利益。但是收效甚微，因为普鲁士手中握着所有的王牌，增加领地——例如完全要回以前归巴伐利亚所属的普法尔茨地区——这等想法是不可能实现的。但是柏林方面也对慕尼黑做出了退让，其中包括普鲁士秘密支付的款项，也正是因此，一直有人宣称，路德维希肆无忌惮地把国土出卖给普鲁士，以换取兴修他那无底洞一般的宫殿建筑所需的大量资金。实际上情况并非如此：路德维希是在彻底无望保住巴伐利亚的利益时，才不得已放弃了它，不过他的放弃也是有价值的：因为这样可以继续修建他的宫殿。

跟其他统治家族一样，大兴土木在巴伐利亚的维特尔斯巴赫家族享有良好的声誉。路德维希的祖父路德维希一世赋予了巴伐利亚王国的首都慕尼黑一个引以为傲的、古典主义风格的外观，在他孙子即位时，他仍然在世，不过在1848年革命期间，他因为与女演员罗拉·蒙特兹有染不得不退位；他的继任者马克西米利安二世又为这座城市增添了新哥特式风格。尤其是在巴伐利亚赢得王国地位以后——为此，包括与之相应的领土的扩大，巴伐利亚人要感谢占领者拿破仑——就有了用建筑彰显政治地位提升的理由。此外，为国家和王朝的荣誉大举兴修宏伟壮观的建筑，也合乎传统的独掌大权的统治者的行事风格。19世纪，越来越多地对历史建筑进行了复原，这是在欧洲大革命的创伤之后，以一种执拗的态度来回首欧洲的绝对君主制的伟大时代。此外，自文艺复兴以来一直备受唾弃的中世纪开始成为时尚。但在建筑方面，无论是过去哪个时代，都受到青睐：与此同时，它总表现为不断加速的现代化过程中的一股逆流，因为这种现代化也令许多统治者心生恐怖。

然而，路德维希二世并非像他的祖父那样，为他的王国兴修土木，他建造宫殿主要是为了自己，而同时代的人，尤其是被忽视的慕尼黑人，肯定对他心生不满。此外，慕尼黑作为首都和维特尔斯巴赫家族的王宫所在地，并不得这位国王的欢心，他宁可把宫殿建得远远的，建到乡间去。城市对他而言，代表着令人厌恶的19世纪，而且在城市以外更容易创造出一些不受束缚的东西。隐居乡间更能投合路德维希的许多喜好：远离人群和各种应酬的义务，亲近钟爱的大自然，相对不受干扰地放纵他的龙阳之好。

即位后没几年，路德维希就开始了他的第一项工程，事实证明，也是规模相对较小的工程：距离上巴伐利亚的上阿默高不远的林德霍夫宫。建筑师多尔曼必须将路德维希草绘的设想付诸实施，并且将现存的"国王小屋"按照17世纪法国的巴洛克风格和洛可可风格进行改造和扩建，这间小屋由路德维希的父亲所建，供狩猎时休息使用。同样，负责内部装修和装潢的专业人员也得时刻考虑到国王陛下对细节的挑剔。花园看起来也应该是巴洛克风格和法国式的，但是由于地处山区，要做到这一点并不容易，只有结合英国园林风格才可能实现。国王从剧院的库房定制了合适的服装道具作为自己的饰品,这样他就可以自己悄悄地扮演洛可可国王了。没有任何观众,就连他按照想象中路易十四的规制吃晚餐时,仆从们都不得出现在他面前。为此,宫廷机械师洛里奥特意设计了那张著名的自动上菜餐桌,直到今日,游客们都为之赞叹不已:这是一张可以升降的桌子,有如神助般摆盘上餐以后,便升至国王的内室。格外引人入胜的还有两个消遣之处:一个是人工钟乳石洞,它的内部由钢筋水泥搭建而成,但这些都很好地遮蔽了起来;另有一个是以卡普里岛的天然洞穴为蓝本修筑的山洞,为了给它照明还在附近建了一座发电厂,这是巴伐利亚最早的发电厂之一。为了使仿古背景能够产生以假乱真的效果,路德维希用上了他那个时代最先进的技术。

林德霍夫宫甫一落成,这位堪称建筑狂魔的国王毫不停歇,立即投入到下一个项目中去。观察者们很快便注意到,一旦某项工程完工,他似乎立马就失去了对它的兴趣。海伦基姆湖宫位于巴伐利亚阿尔卑斯山北麓,坐落在基姆湖的一座小岛上,以法国绝对君主专制政体的奢华王宫凡尔赛宫为蓝本设计建造而成。意大利人卢基诺·维斯康蒂曾于1972年拍摄了一部以路德维希为题材的电影,场景宏大华丽,其中有一幕,扮演奥地利皇后伊丽莎白的罗密·施奈德(与她年轻时在电影《茜茜公主》中饰演的角色完全不同,没有经过任何庸俗化处理,无论是角色,还是演员本身,都是对当年影片的一种弥补)来到这座刚刚竣工的岛上宫殿,拜访她的表弟。走过镜廊时,她最初是满脸惊叹,随后不禁失声大笑,因为她觉得路德维希疯狂的建筑行为着实可笑。宫殿的中心实际上是富丽堂皇的主卧房,奢华程度丝毫不逊于其蓝本,凡尔赛宫里路易十四的御床接见厅。

这位众口相传的童话国王兴修的规模最大、最著名的宫殿是新天鹅堡，这也是他耗尽毕生心血一直在进行的项目。这里并未像林德霍夫宫或者海伦基姆湖宫那样，采用巴洛克式或者洛可可式建筑风格，也没有借鉴东方风格。这一次，路德维希要把德国文艺复兴时期的童话世界以骑士城堡的形式重塑新生，其灵感主要来自路德维希极其尊崇的作曲家理查德·瓦格纳的音乐剧。特别是对瓦格纳来说，新天鹅堡要成为一座舞台，因此，它的设计工作被委托给瓦格纳歌剧的美术指导。在写给瓦格纳的一封信中，路德维希满心喜悦地述及"这座可以与心中神一般的朋友匹配的圣殿，世间的福祉与幸佑因他得以绽放"。然而，这位作曲家从未到访过这座白色的城堡。

新天鹅堡巍峨地耸立在距离阿尔高地区的小城菲森不远的一处山脊上，俯瞰着波拉特峡谷——后方阿尔高地区险峻的阿尔卑斯群山构成了一个切实存在，却又宛如童话般的背景。近旁坐落着高天鹅堡，它是路德维希的父亲马克西米利安仍为王储时，命人在旧天鹅堡的废墟上以新哥特式风格修建的。路德维希在那里度过了童年的大部分时光，如今那里住着被他鄙视的母亲玛丽，她是巴伐利亚首位女性登山者，因为王太后常住那里，这让他失去了长期在那里逗留的兴致。

高天鹅堡给了路德维希很多灵感，同样赋予他启发的还有图林根的瓦尔特堡以及位于巴黎北面贡比涅附近独出心裁且夸张地重建的中世纪的皮埃尔丰城堡。1867年，路德维希先后到访了这两座城堡，后者是他应法国皇帝拿破仑三世之邀参加巴黎国际博览会之际前往的。旅行回来以后，修建新天鹅堡的计划进入了具体实施阶段。其他的历史建筑也曾给这位年轻的国王留以深刻的印象，例如修缮一新的莱茵河沿岸的古堡、纽伦堡的城堡或者此时已臻于完工的科隆大教堂。设计方案绝不仅仅停留在痴幻的想象中：嗜书如命的路德维希研读了大量他所能找到的有关中世纪的书籍史料，同时从艺术史学家那里获取了卓有见地的专业建议。翻阅德国文艺复兴时期的传说故事时，他认为其中的大量插图毫无趣味可言：他对文本了如指掌，因而总是牢骚满腹，指摘这些画作不足以精确地再现传说中的世界。于是，国王亲自过问所有的细节，从罗恩格林①乘坐的天鹅船的花纹到更衣室里座椅靠垫的布料，都是由他钦定的。

与他的父亲一样，路德维希在修建新天鹅堡时，利用了当时现有的资源，但并没有采取过于保守的态度进行处置。19世纪的历史主义所理解的"修复"这个概念是具有一定创造性的——更多的是将自己对过去的想象付诸现实，而非真实地再现过去。反正以前的建筑已经所剩无几了——只余下一座塔楼和墙基，也没有留下任何图像或者图纸。这正合路德维希的心意，他想创造的中世纪虽然需要通过专业调查，但也要顺应自己的设想和内心渴求。

1869年9月，举行了奠基礼，第二年春天开始施工，国王对此早已满怀期盼，如一位工程参与者所怨，简直是"心急火燎，迫不及待"。国王毫不留情地一再催促工期，所有参与者都因此苦不堪言。直到1886年国王去世，工程仍在继续，到了1892年，才暂时完工。在最早开始修建并且于1872年完工的城门建筑中，国王命人收拾出一套房间，这样他就再也不必从高天鹅堡拿着望远镜来监督施工了。

路德维希想建一座新罗马式风格的宫殿，要有城门建筑和带祈祷室的城堡主楼，有厅殿②、内宅和骑士屋。厅殿中，除了国王的专用套房和王座大厅，还有供仆从和客人居住的房间，此外，还有

---

① 罗恩格林，德意志传说中的天鹅骑士，瓦格纳根据该传说创作了同名经典歌剧，路德维希受其影响颇深。——译者注
② 厅殿（Palas），中世纪城堡的主体建筑，包括居住用房和大厅等。——译者注

侧翼的厨房以及供给用房。顶层歌手大厅的设计主要效仿的是瓦尔特堡，但厅内油画展现的却是沃尔夫拉姆·冯·埃申巴赫笔下《帕尔齐法尔》中的场景。高达15米、占据两层楼的王座大厅是以拜占庭风格修建的，借鉴了君士坦丁堡的圣索菲亚大教堂，但据说这里从未放置过国王的宝座。路德维希借此向早已逝去的神圣王权致敬，表达他的追思。

国王的私人空间位于四楼，又是充满了德国文艺复兴时期的传说：罗恩格林、唐豪瑟、瓦尔特·封·德尔·弗格尔瓦伊德。不过，也不乏现代舒适设施：在供电、采暖、厨房设备以及其他细节，直至当时还属于新兴事物的抽水马桶等各个方面，都代表了19世纪的最高水准。这座外观看上去巍峨壮观的城堡宫殿采用了相当传统的建筑方式，由方砖砌就，然后再用更容易调配颜色的材料加以粉饰。然而，原计划修建的国王的浴室没有再建造，同样没有施工的还有城堡主楼和位于王座大厅下方的城堡花园。1886年，只有城门建筑和厅殿基本竣工，此外新天鹅堡的其他地方都还是建筑工地。内宅暂时只建好地基，方形塔楼和骑士屋仍处于施工状态。直到19世纪90年代初期，它们才完工，而且还是缩水版的。

路德维希狂热地大兴土木，所需巨额开销必须从他的私人财产支出，而且其开支越来越大。他负债累累，就像一个赌徒，沉迷于牌局无法自拔。糟糕的是，这让他的家族和大臣们不由得想起他的祖父路德维希一世，几十年前，他祖父不断增加的债务已经招致了一场国家危机。有一段时间，普鲁士从所谓的韦尔夫基金①——

---

① 韦尔夫基金（Welfenfonds），韦尔夫是汉诺威王国的统治家族，普鲁士吞并汉诺威后，俾斯麦利用被扣押的没收资产成立了韦尔夫基金，由普鲁士王国保管，打算每年发给乔治五世一笔固定年金，以此换取他放弃"汉诺威国王"的头衔，被拒绝后，俾斯麦将其转为自己的秘密政治基金。——译者注

战败的汉诺威王国被扣押没收的资产——中秘密支付的款项还派上了用场。这是此时已任德意志帝国宰相的俾斯麦表达的谢意，他在1870年说服路德维希递交了那封皇帝谏书：巴伐利亚同意建立德意志帝国，也赞成普鲁士国王威廉一世（路德维希的母亲与他有亲戚关系）升级为德意志皇帝。但最终，这笔钱也不够用了，从那时起，有些计划便停滞不前了：进一步扩建林德霍夫宫，在普夫龙滕修建一座哥特风格的强盗骑士城堡，以及在普兰湖畔建一座中国式宫殿，这些都未能再施工建造。

这位童话王子短暂一生充满悲剧色彩的终章就开始于地处偏远的新天鹅堡，1886年，国王住到了那里，而繁忙的慕尼黑，则已是怨声载道。顺便说一下，据国王的旅行实录记载，他在那里逗留的时间总共只有172天。在巴伐利亚王国的首都慕尼黑，大臣们迫不得已采取了行动，不仅因为国王欠下了巨额债务，还因为他向当值士兵提出性要求这等所作所为。国家政变准备得非常充分：德高望重的精神病医生冯·古登在未对病人进行任何检查的情况下出具了一份专家鉴定书，从而可以废黜国王，并且限制他的行为能力。这个计划在5月底传到了新闻界的耳朵里，但很快遭到否认。尽管如此，在6月9日凌晨1点左右，当路德维希正要离开的时候，一个政府代表团抵达了新天鹅堡。一位忠诚的仆从警告国王，这些高高在上的大人物打算把路德维希带去施塔恩贝格湖畔的贝尔格城堡。迎接这个代表团的是猛烈的枪弹，他们被关押起来，最后被遣送回慕尼黑。路德维希被逼到了墙角，但他既不愿意听从建议，回慕尼黑在民众面前露面，以避免这场灾祸，也不愿意逃往邻国奥地利。他很可能考虑过自杀。慕尼黑代表团第二次到来的时候，总算达到了目的，他们在奢华的卧室抓住了国王，将他送到贝尔格堡。他被软禁在那里，没过几天，他就跑到施塔恩贝格湖中，溺水而亡，同时被发现的还有他的医生冯·古登的尸体。

1886年，路德维希悲惨地死于施塔恩贝格湖中仅过去七个星期，他的那些宫殿就向公众开放了。此前，巴伐利亚王国的议员们曾亲自前往海伦基姆湖宫，实地去确证，只有精神失常的人才能搜集到这等奢靡的财富——鉴于悲剧事件的发生，见到这些或许可以减轻他们内心的罪恶感。不仅是这一次，而且还有接下来的千百万次造访，每一次可能都会令路德维希国王憎恶至极，这违背了他对这些"圣地"的见解。但是国家还能拿国王留下的这一大笔建筑遗产做什么呢，除此以外，它们几乎别无他用？尤其是英年早逝，让这位不管在政治上还是私人生活上都毫无运气可言的国王，瞬间成为了一个传奇，就连他唾弃的慕尼黑也成为这个传奇的追随者。越来越多人前往路德维希的宫殿，他们大多是因为对已故的国王感兴趣，较少是为建筑而来。

后来，这种好奇心被极力推动和充分利用：无论是维特尔斯巴赫家族统治下的巴伐利亚还是魏玛共和国时期的巴伐利亚，无论是纳粹分子抑或是战后的自由州——这些建筑遗产总是以最有利于自身利益的方式被推出。今天，新天鹅堡，这座以阿尔卑斯山为背景，富有原生德意志浪漫色彩、熠熠发光的白色城堡宫殿，绝对是巴伐利亚州最好的广告，它以此把自身的各种对立宣传为一种多样性：现代的同时又与传统和大自然紧密相连，拥有一个既现代又可爱的大都市，一个堪称典范的高科技联邦州，但也有快乐的奶牛和华丽壮观的童话宫殿。早在1954年，美国《生活》杂志就把巴伐利亚的新天鹅堡用作了某期封面的主题，对应的封面故事介绍了德国的经济奇迹：《德国——一个正在觉醒的巨人》。

时至今日，那些传说，无论有关路德维希的错误观点，还是对其有利可图的大加利用，仍旧有着巨大的影响力。尤其是国王年轻时代英俊的肖像中,有一幅依旧非常畅销。路德维希的生平几度成为电影的主题,在音乐剧中,这位巴伐利亚的国王也有一席之地。作为当下最受游客欢迎的地方,新天鹅堡或许是除了柏林的勃兰登堡门以外,世界上最著名的德国建筑,目前每年会吸引大约130万名参观者。对于童话国王来说,不啻是一个噩梦。

十七
自由女神像（美国）

送给我

那些劳瘁、贫困的人们，

你们那些蜷缩着、渴望自由呼吸的大众，

为你们那熙熙攘攘的海岸所抛弃的人群；

把他们送给我，无家可归者，被狂风暴雨驱赶的飘零者，

我在金门旁为你们高擎起一盏明灯！

这些诗句镌刻在纽约自由女神像的基座上，美利坚合众国以它们来迎接来自世界各地的移民——据说，有超过1000万人在前往埃利斯岛移民接待中心的途中，会从这位身着长袍、手擎火炬的伟大女神像经过。在长达数十年的时间里，那些想移民的人几乎都是通过美国东海岸这座喧嚣的大都市来到这个对许多人来说不啻是应许之地的国家。但这些令人肃然起敬的诗句也引来了不少冷嘲热讽，因为美国或许是数百万人的避难所，但绝对不可能庇护所有渴望被接纳的人。除此以外，自从所谓的清教徒前辈移民（pilgrim fathers）于1607年第一次登陆北美以来，为了将定居点的边界，也就是边

疆（Frontier），不断由东向西推进，他们发动了驱逐战争。这意味着印第安文化的毁灭，以及北美半个大陆上的土著居民近乎彻底绝迹。俗世的天堂总有一个特点，即有缺陷，这座巨大雕像虽然名字中和铭文里都有"自由"一词，但它并非适用于每一个人。

地球上的人类历史一次又一次地受到各种不同类型的迁徙运动的影响：由人口的剧烈增长或者某种宗教的扩张欲望造成，因气候的变化或环境灾难引发，受某个世界帝国吸引力的召唤，为自己的家园遭受战争蹂躏或者经济压力所迫。各个大陆、各个文化在其直接或间接的历史上都经历过这样的迁徙运动，这些迁徙不仅造成了动荡不安，同样也带来了相会、交流和新的推动力。当今社会的面貌也是由这类迁徙运动决定的，不过通常只有在回顾历史的时候，它们才真正地无法被忽视。富裕的欧洲已经感受到了来自地中海另一端的压力，想方设法保护自己不受影响。然而，如果世界共同体在未来的几十年里不采取必要措施应对气候变化的威胁，那么这种紧张局势还会因全球范围的迁徙运动而加剧。

自近世①以来，欧洲的人口增长、经济困窘以及宗教和政治压迫，一再引发离开旧世界的移民潮，旧世界也获益于西方国家眼界的拓宽：从前地球上不为人知的角落给那些愿意背井离乡的欧洲人提供了一个新的前景。格外具有吸引力的是在北美陆续建成的13个英属殖民地，后来的美国就是从中脱胎而出的。起初是英格兰人，后来苏格兰人、爱尔兰人和德国人纷纷横跨大西洋而来——另外，自从1619年首批20名非洲人抵达以后，越来越多的奴隶被运到这里。每隔一代人，新英格兰的居民人数就会翻一番，到17世纪末期，人口总数已经超过250万。自独立以来，这个数字又攀升了好几倍——1876年，美国成立100周年庆典时，定居人口已经超过4000万。自从除了新教徒之外，越来越多的天主教徒来到这片大陆，宗教导致了最初表现出来的不宽容，这种不宽容不再仅仅针对印第安人或者黑人。经济原因也加剧了紧张局势：美国的现代化进程步伐越快，经济越繁荣，雇主们就越能以有大批渴望工作的劳务移民为由，给手下的工人施加巨大压力。欧洲人本身在宗教、语言和文化上就存在极大不同，但是，当除了他们以外，最终亚洲人也开始设法前来美国时，便引起了更为激烈的抵制，这种抵制在1882年通过签署一项主要针对华人移民的法案达到了顶峰，几乎彻底禁止了华工入境。越来越多的移民来自中欧、南欧和东欧，其中也包括很多逃避日益严重的迫害的犹太人，他们的到来，遇到的也不尽是同情和支持。1924年出台的移民法案特别限制了来自南欧和东欧的移民。在这个时候，纽约的自由女神像对于来自世界各地

---

① 近世（Frühe Neuzeit），又译近代早期，历史学上的一种分期法，一般用来指16世纪文艺复兴以后，一直到18世纪法国大革命与工业革命开始之前的这段时间。——译者注

的移民来说，早已成为一种象征，他们渴望在美国过上如1776年《独立宣言》中应许的那种生活：生活在自由之中，有希望获得个人的幸福。其实，建造自由女神像的原意并非是用于美国作为移民国家的象征，也不是主要以艺术表现形式来展现独立宣言。它的诞生更多地是源于一种希冀，即为法国和美国的友谊以及共同的自由理念树立一座纪念丰碑。因为除了美国，当时只有法国通过1789年的大革命在极大程度上将自由的讯息传向全世界。这座雕像原本命名为"自由照耀世界"，是法国人民赠送的一份礼物，1789年法国人民革命性的自由理念"自由、平等、博爱"也并非与1776年的美国独立战争毫无关联。

这个想法形成于1865年夏天——美国内战结束以及美国总统林肯遇刺身亡后不久。诞生地点是一位法国贵族的私宅，距离凡尔赛宫不远，那个地方绝非民主和自由的象征，而是绝对君主专制的化身。在一次晚宴中，爱德华·德拉布莱（Edouard de Laboulaye）萌生了为法国和美国之间的密切关系建造一座纪念碑的想法，而美国这个年轻的国家刚刚才从分崩离析的危机中走出来。其初衷完全就是，让这个想法的光辉映耀大西洋两岸。德拉布莱是一位自由派律师和政治评论家，也是上述宅邸的主人，在美国内战时期，因为皇帝拿破仑三世统治下的法国支持主张分离出去的南部各州，他曾言辞激烈地批评自己的国家。他写道：法国不得谋求利益，只能灌输理念，这毕竟是一个长久以来的共识。但如若支持拒绝废除奴隶制的南部各州，又是站在哪种观念一边呢？

美国和法国之间的友谊在当时已经成为一种传统：在美国独立战争中，法国从1775年起就开始向殖民地的定居者提供武器，1778年正式站在起义军一方，并签订了友好条约及军事互助协定。当然，这也受到了一个诱人的前景的激励，就此可以狠狠打击一下死敌英国。1783年，在巴黎签署了一项和平条约，规定大不列颠王国必须承认其殖民地的独立。美国第一任驻法国大使、国会议员及自然科学家本杰明·富兰克林，给当时的巴黎社会留下了异常深刻的印象。法国大革命也受到美国人为争取独立自由而斗争的鼓舞。然而，自从法国国王路易十六及王后玛丽－安托瓦内特被处死，美国对于法国大革命一直冷眼旁观。令法国极为失望的是，1796年，美国决定不插手旧世界的内政，并且听任法国中断外交关系，随后法美之间的友谊暂时冷却到几近开战的地步。当时，对华盛顿来说，似乎有必要精心维护好同曾经的宗主国大不列颠的良好（贸易）关系。但这一切并未影响发生在19世纪中叶的美国内战和林肯总统遇刺，这两件事深深地牵动了法国人的心。此外几年以后，1870—1871年的冬天，当巴黎因遭到德国围困而处于饥寒交迫之中时，美国伸出了援手，昔日的友谊就此彻底修复。

在凡尔赛宫附近举行的那次值得纪念的晚宴，最终促成了法美联盟（Union Franco-Américaine）的成立及其为美国独立日100周年赠送一座纪念物的项目。参加德拉布莱在家中举行的那次晚宴的客人中，有一位是阿尔萨斯的雕塑家弗雷德里克·奥古斯特·巴托尔迪（Frédéric Auguste Bartholdi），他将负责设计一座合乎各方要求的雕像。1871年，巴托尔迪受法美联盟及其主席德拉布莱的委托前往美国，为雕像挑选一个合适的安置地点，并与潜在的合作伙伴取得联系。显然，轮船尚未抵达纽约港，巴托尔迪就已经选定了这个与雕像相得益彰的地方：贝德罗岛，它位于曼哈顿半岛南端不远处，距离埃利斯岛仅1.5公里，当时的埃利斯岛尚未成为移民进入美国的中转站，它即将迎来这一伟大使命。最迟在这一刻，他的脑海里又一次浮现出一个方案，其灵感来自于古代世界七大奇迹之一，而且是他此前一直未能实现的方案：效仿苏伊士运河的门户罗得岛的太阳神巨像修建一座巨大的灯塔。这条运河虽然在1869年举行了声势浩大的通航典礼，但是并没有巴托尔迪雄心勃勃想要建造的巨型雕像。他曾经设想过在运河北端的入口处建一座28米高、手中高擎火炬的埃及女神雕像，但当时奥斯曼帝国的埃及总督没有被他的热情感染。不过多年后的此刻，巴托尔迪刚抵达纽约没多久，就给德拉布莱写了一封信，告知他已经为这个象征着跨越两大洲亲密联系的、迄今为止最大的项目选好了地址。就像无数在他之前以及之后乘船抵达纽约的人一样，在慢慢靠近这座城市的时候，巴托尔迪深感震撼，内心充满了欣喜。他立刻意识到，这里就是竖立纪念碑的地方，既可迎接纽约的访客和美国的新公民，也能骄傲且显而易见地向全世界传递美国的自由理念。

美国人虽然对法国人充满了好感，但是最初对这个想法并没有表现出多少热情，就像多年前埃及总督对于在苏伊士运河入口处修建巨像不以为然一样。巴托尔迪如火般的热情撞上了美国总统格兰特将军冷静的军人的灵魂，此人虽然欢迎巴托尔迪，但绝不是张开双臂。而且虽说是法国人送的礼物，美国也并非真正一个子儿都不用花：法美联盟的想法是，美国人负责出资并修建巨像的基座，法国人民的礼物将安置在上面。鉴于计划中的雕像体积十分巨大，而且纽约湾的风况有时非常恶劣，显而易见，这个基座必须非常稳固，因此造价肯定也很昂贵。此外，格兰特更像是一名军人，而非一位政治家——也就更谈不上当今所谓的象征政治的支持者了。而且，美利坚合众国正在全力以赴于对内战造成的破坏进行重建、开发美国西部土地、推进刚刚启动的经济腾飞以及加速现代化进程。在这个紧锣密鼓、大干快上的时代，让美国人去为这样一个充满理想主义狂热的项目费心费力，或许有些强人所难了。到底该向何人高擎火炬呢？当时，移民还是各州的事情——美国政府将管辖权收归自己所有要晚得多，直到 1892 年，才开放位于纽约港的人工填筑扩建的埃利斯岛，将其用作美国移民的主要中转站。因此，选址纽约既没有说服力，在这个时间点也不太可能。

在此期间，在法国，这份礼物的外观已经有了最初的轮廓。返回巴黎以后，巴托尔迪于 1875 年就在他巴黎的工作室里开始了雕像的设计工作。这位法国人念念不忘罗得岛的太阳神巨像，据古代史料记载，它高达 30 多米，于是他设计了一座最终高度为 46 米的女神雕像。自古希腊罗马时期以来，自由便被赋予了女神的形象，早期美利坚共和国①时代的硬币上就铸有一个象征自由的女性头像，四周环绕着 13 颗星星，代表 13 个州。

巴托尔迪先用陶土制作了一个 52 厘米长的小雕像，而且在纽约之行时已经带在了身上。现在，这位雕塑家逐渐创作越来越大的模型，最后一个高 11 米的模型被确定为模板，用于计算需要制造的四倍大的铜片外衣的零部件。雕像的骨架是由古斯塔夫·埃菲尔公司的一位工程师莫里斯·克什兰（Maurice Koechlin）设计的，据说此人后来也负责绘制了埃菲尔铁塔的图纸。他建议，先做四个支撑物，其支座要伸入地基的深处，它们中间还要建有阶梯，一直通到顶部。然后将雕像的内部支架安装在这些支撑物上，再把用作外皮的铜片一块块固定在支架上。自由女神高高举起的那只手臂里需另建一段阶梯，这样游览者就能够进到火炬里。

还在美国时，巴托尔迪并没有因为美国朋友的怀疑而气馁，他最终找到了一些合作者，此刻，他们正在美国做着身处法国的巴托尔迪及其同道者关注的事情：筹款。法国人应该为赠送美国

---

① 美利坚共和国，1774—1815 年间的美国，美国独立战争后，新大陆宣布独立，定名为共和国，后更名为美利坚合众国。——译者注

一件礼物这个想法而欢欣鼓舞，捐献出足够的钱来资助巴托尔迪创作这座雕像。美国人则应当对这份来自大洋彼岸的礼物满怀喜悦，为连同支座在内有足够承载力的基座进行募捐。这一宣传运动除了包括大量常见的集资活动，也采取了一些具有轰动效应的手段：在1876年美国费城世界博览会上，参观者就对这件指定的礼物的壮观程度有了初步印象，而此时距离完工还为时尚早。参展的是按照实际尺寸制作的雕像高擎火炬的那只手，众人惊叹不已，纷纷拍照留念。然而，这仅仅能够聊补遗憾，因为在美国发表《独立宣言》100年纪念日的时候，自由女神像未能如最初计划的那般矗立在纽约港迎接入港的船只。1878年，自由女神像的头部总算在巴黎世界博览会上得以展出。但当时大西洋两岸还没有筹集到建造雕像所需的资金。

法国方面更快解决了资金问题，其时已是1882年。两年之后，自由女神像完成了试组装，矗立在位于巴黎17区的巴托尔迪的制作工坊里。雕像异常引人注目，因为它高耸于城市所有的屋顶之上，直指苍穹，易于接受宏大事物的法国人为之痴迷不已。然而美国方面，对于底座的建设，此时仍然还差十万美元。美国的富人大多面有愠色地拒绝捐款，因为他们不愿将这个巨无霸项目与高雅艺术联系起来。另外一些人觉得这整个项目都是纽约人的事儿，而非国家性的。还有一些人长期以来一直心存疑虑，怀疑这个巨大无比的礼物最终能否完工。就当时方方面面的情况来看，美国很有可能回绝法国人的这份礼物，因为贝德罗岛上雕像的地基和底座一直没有完成前期的准备工作。这时，其他几座城市已经跃跃欲试，想要取而代之：其中包括曾经的首都费城，位于美国另一端的移民城市旧金山，还有受人敬仰的波士顿，对于很多人来说，波士顿是美国独立的发源地。他们都承诺，如果能把自由女神像改放到他们的城市，他们定将做好安置地点的必要工作。

最终，在一位名叫约瑟夫·普利策的报业大亨的努力下，纽约人放弃了他们犹豫不决的态度，尤其是普通民众，纷纷打开羞涩的钱包，贡献出了绵薄之力。此前，普利策已为这个项目呼吁了多年，但收效甚微，1885年春天，他终于唤醒了纽约人的骄傲，他承诺将在他的街头小报《纽约世界报》上刊登出每一位捐款者的姓名。主要因为在此期间，这件礼物已经由法美联盟于1884年7月4日正式转交给了美国驻法大使，在巴黎等待装船运往美国。短短一个多月的时间里，普利策说服了超过12万名读者，原本短缺的10万美金就这样一下子凑齐了。突然间，地基和底座也迅速竣工了。

在巴黎，雕像被分解成若干块，分别装在214只箱子里，其中有些箱子重达数吨。它们先由火车送至鲁昂，而后由"伊泽尔号"轮船运往新世界。1885年6月，雕像最终抵达纽约，次年的10月28日举行了落成典礼，自由女神的火炬第一次发出了光芒，甚至连分外糟糕的天气都无法阻挡人们的热情。然而火炬发出的光并没有期望中的明亮，这在一段时间里始终是个问题。

直到1903年，自由女神像脚下才雕刻上本章开头引用的碑文——这首诗总共十四行，名为《新巨人》，是纽约诗人爱玛·拉札勒斯（Emma Lazarus）在二十年前为修建基座的筹资运动创作的。当雕像终于举行落成典礼时，它已经被人遗忘了。这首十四行诗提到了古代建筑典范罗得岛上的太阳神巨像，巴托尔迪在构思建造一座巍峨壮观的雕像时，就是受到了它的启发。但最重要的是，这首诗建立起了与移民的联系，当他们抵达纽约，在登陆埃利斯岛之前于自由女神像前经过时，必定会把这座巨大雕像当作灯塔和象征。随即，无数的画作将疲惫的移民和这座巨大的纪念碑关联起来。至于建造纪念碑的想法诞生于法美之间的亲密关系这一渊源，如今却要一再强调指出了。

同时，自由女神像成为了美国的一个国家象征，以至于早在1917年美国参加第一次世界大战之际，政府得以用自由女神之名呼吁大家认购战争债券：一位神情坚毅的女士用手指指向观看者，另外一只手显而易见地高举自由火炬，她的下方写着一行字：请你购买战争债券吧，因为如若不然，我就会灭亡。一年之后，在另外一张宣传战争债券的海报上，自由女神像的背景是在敌方轰炸机和战舰袭击下熊熊燃烧的纽约城这样一幅可怖的画面。作为国家的象征，自由女神像在2001年的9月11日袭击事件发生后，也被列入可能遭到恐怖袭击的建筑及文物名单。"9·11"之后，这座纪念碑关闭了将近三年之久，2009年美国独立日之后，公众才可以再次进入雕像内部。

几乎没有任何一座雕像比纽约的自由女神像更为著名，也没有哪座雕像比它更常被复制（以及绘成漫画）。首件复制品是感恩的美国人赠送给巴黎人民的礼物——时间是19世纪80年代，作为对巴托尔迪的雕像离开巴黎的一种补偿。这件开创了复制品先河的作品至今依旧矗立在巴黎的天鹅岛。随后，无数复制品接踵出现，仅仅在美国，每个州至少都在自己的领土上复制了一座自由女神像，有些州甚至拥有20多件复制品。世界各地的复制品大约数以千计——至于工业化手段大量生产的自由女神像则数不胜数了——作为纪念品和美国的象征对外出售。这些散落于美国各州的自由女神像的复制品在保罗·奥斯特的小说《利维坦》[①]中起

[①] Leviathan，圣经中象征邪恶的一种海怪。《利维坦》一书在国内也被译作《巨兽》。——译者注

到了象征作用，该书虚构了一位作家的生平，此人第一本书就命名为《新巨人》。由于一连串不幸的巧合以及在自己的、与其他地方别无二致绝不可能完美的国家遭受的苦痛，这个人变成了恐怖分子，在全国各地破坏炸毁自由女神像的复制品，直到在自制炸弹的时候死于意外。

十八

埃菲尔铁塔（法国）

自古以来，塔楼一直属于建筑者最喜欢的项目，这与它们常见的形状关系不大，重点在于它们的高度。塔楼可以拥有不同的内涵：孤傲地直刺苍穹或者是谦卑地颂扬神明；功能性高层建筑、技术能力的明证或者虚妄的自我标榜，这种标榜往往不得不忍受被贬作阳具的象征。所有塔楼的鼻祖巴比伦塔在西方传统中既是人类创造力的标志，同时也是毫无止境的狂妄自大的象征——要建一座高塔，"它的顶端直插云霄，这样我们才能名扬天下"。这个计划招致了天神的处罚：依据《希伯来圣经》最重要的组成部分摩西五经第一卷所述，上帝对于眼前所见深感不悦，因为从此以后人类所能做的事情再没有了限制。于是，他打乱了人类的语言，他们因为彼此再无法沟通，于是四散而去，遍布世界各地。

但人类并未就此停止修建塔楼的工作；而且技术越进步，它们就越高耸入云。目前世界最高塔是阿拉伯半岛迪拜酋长国的哈利法塔，它于2010年初正式竣工使用，将会成为这座城市的一个中心。哈利法塔高达828米，直冲云霄，塔顶的温度比主入口处要低整整八度，它一共有189层（以及54部电梯），在建造期间被称作迪拜

塔，总投资据估计约为18亿美元，它同时也是世界上最高的建筑，100公里以外仍清晰可见。因为国际上都在竞相修建这类声名远扬的建筑，所以最终高度和楼层数会在尽可能长的时间里秘而不宣。在某种程度上，这座位于阿拉伯联合酋长国的建筑可以被视作逆其道而行的巴别塔（即巴比伦塔）：因为修建哈利法塔的公司和建筑材料来自世界各地，而不是像圣经中的鼻祖之作那样，因为神的愤怒，建它的人被驱散至四面八方。负责地基的是德国人，设计来自于美国，埃及和韩国的公司指挥印度的建筑工人将塔楼建高。

时至今日，塔楼往往用于展示一个国家的技术和经济实力，同时也彰显了一个国家的活力和创造力——创造力是塔楼建设方面最崇高的词，即便是哈利法塔，也很难永远拥有这一赞誉。然而，全球范围的经济困难意味着，其他蔚为壮观的塔楼的修建计划或者推延了启动时间，或者暂时搁置——无论是在莫斯科还是在芝加哥，在沙特阿拉伯还是在科威特。就这方面而言，这类未建的塔楼反映出投资建造者眼下存在经济问题，而拟定项目的初衷却恰恰相反，本是要显示他们经济实力的。

按照今天的标准，高度为300米的巴黎埃菲尔铁塔（如果加上天线，差不多有325米）简直是娇小玲珑了，修建它的时候，西欧居民正在经历一个快速发展的阶段。19世纪下半叶令这些居民，尤其是欧洲各国首都的居民感到头晕目眩，城市面貌和商品供应迅速发生着变化，日常生活和工作加快了节奏，铁路的出现使得距离突然缩短了，工厂的烟囱构成了地平线，来自全世界的信息劈头盖脸地砸向这个时代的人们。迄今为止最具活力的工业化阶段的这种强大推动力被视为欧洲19世纪的典型特征，在当年就已经基本上被认定为根本性的变革。在19世纪的最后二十五年，钢铁与电力不仅成为工业界新的主导产业，而且完全成为它的化身。那些存在竞争关系的欧洲工业国家互相较劲，争风吃醋——尤其是参照钢产量的统计数据。

19世纪后期展现工业活力的毫无争议的建筑象征，是位于巴黎战神广场的埃菲尔铁塔。这座引以为傲的塔楼，显然是面向未来而建，代表着世界上最具现代精神的那个部分，它被建作1889年巴黎世界博览会主入口，远远就可以看到并且展现了法国的设计能力。然而，人们原本并未想给予这个未来的象征一个过于长久的未来：与世界博览会上其他吸引眼球的观赏建筑和实用建筑一样，埃菲尔铁塔也应该在博览会结束后从城市景观中消失。

随着工业化的进展，尤其是欧洲的大城市也在发生着变化。它们不仅得到巨大的发展，尤其在 19 世纪下半叶，而且也有了崭新的面貌。这种变化最显而易见的标志是规模迅速扩大的火车站，它们不仅在功能上服务于新的交通工具——铁路，而且通过规模和建筑设计对它极力宣扬。19 世纪末的大型火车站建筑成为充满设计野心的进入现代大都市的欢迎大厅。作为向轰隆隆的蒸汽机致敬的大型形象建筑，它们特别适合用作建筑领域现代性和技术能力的表达。火车站被称为"现代大教堂"并非毫无缘由，因为它们与中世纪的教堂建筑一样，在建筑艺术领域享有声誉。在巴黎，又建了几座钢框结构的火车站，第一座是建于 1850 年前后的著名的巴黎东站，而且长期以来被誉为其中最美的一座。古斯塔夫·埃菲尔在接手巴黎世界博览会塔楼这个项目的十年之前，亲自修建了布达佩斯最漂亮的火车站——布达佩斯西站，优雅通透的火车站大厅就是由钢结构和玻璃建成的。

铁路给城市带来了越来越多的人员和货物、信息与灵感，成为城市发展的发动机。短短几十年间，城市人口翻了一番，一座又一座大都市的人口数量突破了百万大关。其后果便是史无前例的建筑热潮，常常有房屋建成仅十年二十年便被拆除，只是为了建得更大、更高、更豪华。城市结构急迫地适应着这些变化，市政工程往往滞后于发展。

另外，对城市布局也进行了大力干预，巴黎比其他地方更早地开展了改造工作，而且在极短的时间内就完成了：巴黎行政长官奥斯曼采取了雷厉风行的措施，尤其表现在宽阔大道（Grands Boulevards）上，直到今天，这些举措依然是巴黎城市面貌无法忽视的部分。奥斯曼希望以此冲破时至 19 世纪中叶还是典型中世纪特征的分散的城市格局，他要为这座大都市创造更多的空间和功能，并且为此将城郊的火车站通过市内交通更好地连接起来。

自从 1851 年伦敦举办第一届"大展会"以来，在那些蒸蒸日上的工业化国家迅速发展的首都，世界博览会一直是万众期盼并被媒体广泛报道的重要国际盛事。它们作为现代大众旅游业的引爆点，是铁路这一新兴交通工具的衍生物，而有了铁路，喧嚣才成为可能。它们也为快速发展的国家创造了一个展示产品和成果的国际舞台。新兴工业化国家不遗余力地展示，从而可以令人印象深刻地传达自己领先的发展态势和自认为的优势。

1889 年第四届世界博览会在法国举办，因为正值法国大革命一百周年，考虑到欧洲的王室，并未进行大肆宣传，而且它打出的招牌并非政治进步，而是技术进步。来自 54 个国家的将近 6.2 万名参展商参加了这次盛会，超过 3200 万名参观者涌入巴黎的战神广场。1889 年的巴黎世博会至今仍被视为 19 世纪世界博览会的巅峰。

尽管拆除之声不绝于耳，巴黎世界博览会最著名的建筑依旧岿然屹立，成为世界上最著名的建筑物之一，并且为这届"万国博览会"成为最著名的一届做出了巨大贡献，即便 1900 年那届世博会的参观人数高达 5000 万，是参观人数最多的。这座高 300 米的观景塔是当时世界上最高的塔楼，也是最高的建筑物，它令 1889 年的世界博览会永存于世。即便在统计数据上具有独特性，埃菲尔铁塔的地位在此后四十年间都无可争议，直到纽约的克莱斯勒大厦（313 米）以及紧随其后建于同一城市的帝国大厦（381 米）将其超越。后者用了不少时间才获得认可：因为许多楼层长期无人租用，它一度被嘲笑为"空国大厦"。埃菲尔铁塔的建成标志着石砌建筑时代的终结——只有用于固定钢结构的地基还用石料修筑。尽管如此，从技术角度讲，它既非革命性的，也不是实验性的——前所未有的只是它的规模和处于大都市中心这样一个位置，而这座大都市的自豪感很大程度上又是建立在其历史悠久的文物建筑之上的。但是很快，也就是在20世纪之交时，混凝土作为建筑材料取代了钢铁。从此以后，混凝土与钢筋骨架建筑方式结合在一起，得以建成高得多的建筑——纽约的摩天大楼在一定程度上可谓与巴黎埃菲尔铁塔一脉相承。

埃菲尔铁塔的建造计划可以回溯到19世纪80年代早期。此前就已经有过类似的项目，首次是1832年伦敦一根铸铁制成的柱子，这个项目进一步发展，被用于1876年的费城世界博览会，人们想在那里建一座高1000英尺（304.8米）的圆形塔楼来纪念美国独立宣言发表100周年。为了1889年的巴黎世界博览会，在埃菲尔铁塔项目之前，曾有一位建筑师和一位工程师共同设计，用花岗岩和钢铁在战神广场建一根高360米的"太阳柱"，用于照亮巴黎的夜空。据说一开始它跟埃菲尔铁塔是竞争关系。不久后，埃菲尔公司的两位工程师提出建造一座1000英尺高的塔楼的方案，老板埃菲尔最初否决了这一方案，因为它显然毫无竞争力。但工程师们进一步改进方案，建筑师斯特凡·索韦特（Stephen Sauvestre）为这座塔楼设计了另一种造型。就此，埃菲尔铁塔在绘图板上拥有了它独具特色的外观，四个塔墩用巨大的拱结构连接，塔身为著名的钢架镂空结构，设计上经得起风吹雨打等各种天气的考验。这个设计方案也说服了埃菲尔，他为该项目申请了专利并且让这座铁塔从此以后跟自己的名字联系在一起，而不是真正的设计师的名字。关于设计，埃菲尔本人认为，铁塔的形状在一定程度上是由风决定的。

1886年6月12日，法国通过了建造铁塔的政治决定，此前的选举和重新任命政府官员推迟了相关决策的进程。关于铁塔的施工地点，也是争论不休：建在一个更高的地方会不会比建在塞纳河谷的战神广场更令人瞩目呢？不过那里将会举行世界博览会，占地面积为 90 公顷，这座铁塔本来就是设计用作世博会的主入口和主要景观的。

埃菲尔预估的建造成本高达 300 万法郎，最终造价比预算贵了 2.5 倍。国家除资助了 150 万法郎以外，还将铁塔未来 20 年的商业使用权批给了他。这可是一笔有利可图的生意。

这座钢铁巨人也比预定的重得多；设计重量为 4810 吨，而如今这座巴黎地标重达 7300 吨。另外，埃菲尔也错误估算了施工时间，因为建成这座铁塔不止用了一年，而是双倍多的时间。直到 3 月 31 日竣工，那一天距离世界博览会开幕仅有六周，250 名工人总共组装了 18000 多件预先制造好的钢部件，并将它们准确无误地铆接在一起，建造者这才可以将法国的三色旗高高升起在塔顶。

站在令人目眩的高处，勇敢地俯视下方，可以将位于战神广场另一端军事学院前方的另外一座钢制建筑尽收眼底，并为之惊叹，那就是机械展廊，工业时代在里面展示着它的成就。这座展廊在当时是世界上最大的无支撑柱有顶大厅，长度超过 422 米，宽达 114 米，高度将近 47 米，它与埃菲尔铁塔一样，引起了巨大的轰动。不过，埃菲尔铁塔还有其他亮点，因为在世界博览会期间，彩色信号灯在塔顶闪耀着法国国旗的蓝白红三色。人们自豪地将埃菲尔铁塔归入当时世界最高建筑之列，当然，这座世界博览会之塔远远超越了那个时代。

然而，在埃菲尔铁塔建成之前很长一段时间里，这座钢铁建筑在法国首都遭到了激烈的抵制。住在附近的居民中有一位名字听着很亲切、叫作唐克雷德·博尼法斯的退休将军，他甚至对埃菲尔提起了诉讼，直接导致建筑施工陷入停滞。这个人担心，铁塔有可能倒下来砸到他的房子。直到埃菲尔承诺，一旦发生这种概率几乎为零的情况，他会赔偿损失，施工才得以继续。另有一些人揶揄这个建筑为"钢铁长颈鹿"。最著名的却是一些知名艺术家提交的一份抗议书，他们认为埃菲尔铁塔有损城市外观，强烈反对修建它，因为这一商业项目玷污了巴黎这座拥有最高建筑艺术的城市，同时也让其他名声卓著的建筑文物受辱。他们特别强调了"法国品位"，法国品位不可能容忍在巴黎这颗明珠中间出现一座如此丑陋不堪的庞大怪物。参与签名的47位人士包括小仲马、莫泊桑，还有设计了巴黎歌剧院的建筑大师查尔斯·加尼叶以及作曲家查尔斯·古诺。不过，古诺后来向这座巴黎的新象征妥协了，在其竣工后甚至还在顶层平台上举办了一场闻名遐迩的高空音乐会。

　　埃菲尔对这些激烈的攻击感到十分惊讶，他在一次访谈中说道：这大概是因为人们不相信工程师懂得审美吧。他毫不犹豫地将他的铁塔与当时备受追捧的埃及金字塔的巨大吸引力进行比较。同时，他还强调了这座建筑的科学功能和对国家的建设性作用：它可以用来进行气象和天文观测，也可以服务于全国范围内的通讯网络，尤其是在战争期间，同时它还是法国工程艺术一个广泛可见的明证。然而，主观臆断的毫无用处，尤其在世界博览会结束之后，仍然是诟病埃菲尔铁塔的一个主要着眼点。对那些批评者来说，科学论据毫无作用，想要从美学上说服他们，只能一步步慢慢来。

　　不同于1851年第一届世界博览会的象征、在1936年毁于火灾的伦敦水晶宫，埃菲尔铁塔尽管遭到各种攻击和敌视，仍然留存于后世。早在1900年，巴黎又一次举办世界博览会的时候，它就曾险遭厄运：按照计划，本该利用这个机会将它改建，甚至拆除。幸运的是，当时递交上来的提案都很平庸，资金也十分紧张——此外，立场坚定的建造商埃菲尔还可以要求履行他的合同，而合同的履行需以埃菲尔铁塔的存在为前提。但几年之后，他的杰作重又站上了风口浪尖，等待着命运的支配，不过它又一次得救了，这要归功于在此期间它为科学做出的无可争议的贡献，它的拥趸们格外强烈地提出这一理由。于是，这次的拆除计划也被放弃了，埃菲尔铁塔就此得到了永远的解救。又过了一段时间，它于1915年开始服务于跨大西洋无线电台，事实证明，它在监听敌方的无线电通信方面对战争起到了至关重要的作用。自1921年起，那里开始发射广播信号，几年之后，法国的电视先驱们利用这座铁塔试播了电视节目。在第二次世界大战期间，它甚至成为法国抵抗力量的象征，在被德国占领的整个时期，登塔的电梯都失灵了：具有公众效应的破坏活动。最迟也就是这个时候，埃菲尔铁塔得到了全国的认可，被视为挺身而立的法国人。随着1964年被收录进法国文物名录，它最终被正式列入国家文化遗产。

在关于埃菲尔铁塔建筑和美学地位的争论中，展现出传统与突破，旧时代与现代之间的断裂，在19世纪，这种断裂在欧洲各地一再造成群情激昂的局面。资产阶级的固执保守力量寄望于至少在建筑和美学方面抵制这个不受欢迎的新时代，他们表现出的声嘶力竭亦如他们的冥顽不化。社会变化已然足够深刻——但是还有必要也打开大门，让它们在市容市貌中有明显的体现吗？就世界博览会而言：相对于在建筑风格及其他方面沉迷于带有许多东方色彩的奢华，1878年的上一次巴黎世博会难道不更显亲切吗？这座铁塔可能确实让许多巴黎市民感到震惊，尤其是当他们想到，在喧闹的世界博览会结束之后，这座钢铁纪念碑竟然还要保留下来。当时对于许多人来说，如果将某个体现了功能美学的建筑技术成就跟具体用途结合在一起，例如火车站或者商业建筑，或许是可以接受的。

一开始，就连法国的艺术界和先锋派对于埃菲尔修建这个钢铁巨人的反应也绝非欣喜兴奋，而是拒绝接受这个新来者——在他们眼中，它无外乎一件街头家具。莫泊桑公开宣称要离开他的城市，以免不得不看见这个钢铁怪物，其他人平日里在内城走动时，宁可绕道而行，从而避开这个耻辱的景观。瑞士人布莱兹·桑德拉尔则不同：他用诗歌向这座建筑致敬，把它提升到符合时代精神的美的典范这一高度。作为一座大都市的印章和这座喧嚣的现代化大城市的象征，这座铁塔确实早诞生了几十年。在这一点上，它堪属现代大城市美学方面的先锋派，这也让它成为了现代艺术崇拜的对象，此后巴黎埃菲尔铁塔的外观被频繁使用，以至于只要有一定的想象力，它都适合用作独特的艺术主题。

随着时间的推移，埃菲尔铁塔成为了一个被泛滥使用的艺术主题，这一风潮的引领者是乔治·修拉，这座建筑物尚未落成，他就为其作画了，后来又得到夏加尔和毕加索、杜菲以及其他许多人的推动。尤其是与瑞士诗人桑德拉尔私交甚笃的立体派艺术家罗伯特·德劳内，他被视为最具代表性的埃菲尔铁塔画家并非是平白无故的，此人在其"破坏性时期"从埃菲尔铁塔身上找到了一个令他梦寐以求、欲罢不能的主题。立体主义以及未来主义中那些向往未来、以技术和速度为导向的艺术派别都能从这座铁塔上获得特别多的灵感。从那以后，这座高塔频频出现在电影和香颂中，广告和产品设计同样如此。铁塔也成为大众旅游的庸俗目标，它的外形成为巴黎和法国的化身，于是它被制成多少有些拙劣的纪念品，遍布世界各地。

不过，尽管巴黎埃菲尔铁塔被用作大规模生产的产品：类似于汽车中的女神——法国汽车雪铁龙 DS，但它似乎不为时代所囿，总是具有现代感，始终面向未来。建成一百二十年之后，它已是巴黎的一部分，几乎没有人愿意失去它——此外它也配得上这一冷知识：需要定期对这个钢铁巨人进行保养，每 7 年重新刷漆一次，届时需要 20 多名系好安全缆绳的油漆工从塔顶自上而下对它进行翻新，历时大概一年半，总共耗费约 1500 把刷子，用掉 60 吨油漆，从而保护这座巴黎的标志性建筑不受锈蚀、鸟粪、废气和天气的影响，也是为了给每年大约 700 万名访客留下一个好印象。

十九
救世基督像（巴西）

巴西是南美洲面积最大、人口最多的国家，而且远超过其他国家；其国土面积为南美洲总面积的 47%，所占比例相当可观。令人惊讶的是，巴西虽然幅员辽阔，民族众多，但在 1822 年脱离葡萄牙统治独立以后，很快就发展成一个统一的国家，这通常可以解释为：巴西最初仍然是君主制，皇帝佩德罗一世作为葡萄牙王室的王储原本就被认定要继承那里的王位，他是促成统一的重要因素并因此而闻名。以上事实极大地促进了国家的形成。尽管如此，对立和差异仍然非常显著，并且一直影响这个国家至今：从内陆面积巨大的亚马逊雨林到沿海现代大都市；从赤道附近处于热带的北部往南部的亚热带气候区，跨越了 29 个纬度，当然还有差异巨大的人口结构和棘手的贫富悬殊问题。

三座极为不同的城市至少能够部分说明这些对立：亚马逊雨林中的玛瑙斯，政府所在地首都巴西利亚以及在国际上被盛誉为糖面包山畔躁动的狂欢节中心的里约热内卢。

独立国家巴西于 1822 年脱胎于葡萄牙的巴西总督区。1500 年，葡萄牙航海家佩德罗·阿尔瓦雷斯·卡布拉尔是第一位到达巴西的

欧洲人——在今天的巴伊亚州南部登陆,这原本并不在他的航海计划之中,因为他跟早于他但显然更有名的哥伦布一样,正在前往印度的途中。遗憾的是,巴西前哥伦布时期的历史鲜少为人所知,因为当地的各个民族都没有形成高度发达的文化,既没有遗存文字见证,也没有留下建筑遗迹。巴西这个名称由巴西红木派生而来,当时这种木材被用于提取红色颜料,因而成为首个出口拳头产品。现在,这种阔叶木正濒临灭绝。

巴西在这个时期已经被划定为葡萄牙的势力范围——其依据是1494年的《托尔德西里亚斯条约》。在这个条约中,教皇亚历山大六世任意划出一条分界线,将欧洲人已经到达的新世界和未来仍有待发现的地区瓜分给彼此竞争的航海强国西班牙和葡萄牙。在基督教的欧洲,当时的罗马教廷被视作真正的权威,能够平息国际争端并且避免未来出现其他争端——然而,由于欧洲的殖民欲望,最初并不是很成功。西班牙和葡萄牙以及稍后加入的贸易强国英国和荷兰时常为获得势力范围、贸易份额和殖民地展开激烈争夺。

经济上，巴西很快就立足于种植园经济，种植甘蔗，尤其是种植咖啡，这在很大程度上是以奴隶制为基础的，1888年，巴西成为西方国家中最后一个废除奴隶制的国家。自从19世纪中叶以来，天然橡胶成为一种越来越重要的原材料，巴西橡胶树的树汁在此后几十年间成为咖啡真正的竞争对手，争夺该国出口数据统计的第一把交椅。自从蒸汽机车和铁路推动了对精炼天然橡胶的需求，西方工业国家消耗的橡胶越多，向亚马逊雨林内部推进得就越深，那些充满传奇色彩的橡胶大王的利润就越高。他们可以在极短的时间里利用这种来自原始森林的原料获取暴利。真正的苦活累活都是在热带雨林中四处寻找橡胶树的割胶工干的。

19世纪下半叶传奇般的橡胶繁荣，最显而易见的标志就是时至今日依然位于亚马逊雨林中的玛瑙斯市。在极短的时间里，这个不起眼的小地方被扩建成光芒四射的世界橡胶之都，而且配备了极其现代化、卓越高效的基础设施，在这方面，欧洲一些大都市都黯然失色。壮阔的林荫大道装点着这座城市，因橡胶致富的人们一身欧洲装扮，在那里漫步。他们买得起陈列在高档商品专卖店里的价格昂贵的欧洲产品。那里的所有商品，乃至黄油，都是从遥远的欧洲进口的，价格自然也十分高昂。为了购置最好的材料修建著名的歌剧院——今天，这座歌剧院依旧是玛瑙斯的标志性建筑——也是不辞其远：用卡拉拉的大理石做柱子，用中国丝绸制幕布和窗帘，用阿尔萨斯的瓷砖铺穹顶的马赛克，用黎巴嫩的香柏木进行细木镶嵌——这座奢华的建筑耗资高达200万美元，在当时的情况下堪称天文数字。然而，这座城市的繁荣不过是昙花一现，因为英国人在他们的东南亚殖民地大量开辟橡胶种植园，他们的产品充斥了国际市场，而且事实证明其品质十分优秀，这时巴西的橡胶繁荣也就戛然而止了。几十年前，英国人亨利·威克姆将橡胶种子从亚马逊带到了伦敦，然后在东南亚建起了种植园。突然之间，来自原产国的原料失去了吸引力，商人们守着一包包的橡胶却找不到买主，它们可是费尽千辛万苦从分散在亚马逊雨林深处原始森林的一棵棵的大树上割下来的。玛瑙斯的幸运之星坠入了无底的深渊，猛然间再也无力承受欧洲的生活方式了，城市中的豪华建筑开始颓败。但是，即便处于一种如画般破败不堪的状态，这座雨林中的大都市今天依旧昭示着它昔日的辉煌。

第二次世界大战之后，随着巴西今天的首都巴西利亚的建成，一个怀揣已久的巴西梦成为了现实：在这个庞大国家的内陆建一座大都市，同时也是为了促进那里的经济发展。早在1891年，这个计划就被写入了巴西宪法，而且没过多久，便选定了一个合适的地方。巴西独立一百周年之时，举行了奠基仪式，但这个巨无霸项目还是一直未能开展起来。直到1956年，新当选的国家总统儒塞利诺·库比契克才将该项目付诸实施，这也受益于战后经济的腾飞。新首都必须在很短的时间内建成，因为它的命运与这位总统紧密相连，他的任期只有五年。最重要的建筑交给了勒·柯布西耶的弟子奥斯卡·尼迈耶，他赋予了这座新首都一副高度现代化、同时看上去不会受时代影响的外观。他将新城市规划为十字型布局，以大教堂和议会大厦为中心建筑，由此创造了现代主义的建筑杰作。1960年，新首都就举行了落成典礼，政府从里约热内卢搬迁至内地。然而，建设一座兼具宏伟壮观和人文关怀的城市的构想并没有如计划那般顺利实现，就连政府官员，最终也是采用了胡萝卜加大棒的方式，才让他们从无比热爱的里约热内卢搬到了这座崭新首都的现代化居民住宅区。而城市周边的贫民窟跟巴西其他大城市的贫民窟相比，并没有明显不同。尽管如此，在现代城市建设的拥趸者中，巴西利亚直到今天仍然备受膜拜。

最后说一下港口城市里约热内卢，那里原本生活着塔姆伊奥印第安人，欧洲人到来以后，它变成了一个贸易基地，先是出口巴西红木，后来出口甘蔗。除了法国人曾试图在这里建立一个基地却徒劳一场以外，葡萄牙人决定了这个定居点进一步的发展方向。随着18世纪初巴西的黄金热，这座城市经历了一次增速惊人的繁荣期。里约港是该国开采自米纳斯吉拉斯州的黄金最重要的输出港口之一，这座城市也成为了殖民地至关重要的金融中心。这样的崛起近乎必然地决定了里约热内卢取代殖民地的旧首府萨尔瓦多，成为新的政府所在地——这件事发生在1763年。不过，从殖民时代直至独立后很长时间，里约在将近200年的时间里不仅仅是巴西的首都。19世纪初期，这里成为了葡萄牙这个庞大的世界帝国暂时的施政地。因为1807年，葡萄牙王室为了逃避拿破仑以及与他结盟的西班牙人，率领一支庞大的船队前往他们的殖民地，以便在那里继续进行统治，至少可以施政于拿破仑的魔爪未触及的地方。1822年，国王返回里斯本之后，他的儿子宣布，殖民地从此脱离宗主国独立，自己则成为巴西的皇帝。19世纪时，里约从咖啡贸易的兴起中受益匪浅，并发展成为该国最重要的工业城市之一。

在科尔科瓦多山（驼背山）修造一座基督像的想法最早可以回溯到1859年，当时一位天主教的神甫向葡萄牙的伊莎贝尔公主提出了这个想法。但是，因为公主的反应相当消极，而且尤其君主制又宣告终结，这件事便被搁置一旁了。1921年，这个设想第二次被提出，希望能够在1922年纪念巴西独立一百周年的庆祝活动中为它举行落成典礼，但同样不了了之。

独立一百周年时，巴西这个新兴的工业国家骄傲地成为了南美大陆上第一次世界博览会的东道国。原本只是为纪念独立而筹划的国家活动，最终有20个国家参与其中。尽管这届世界博览会的参观者超过了360万人次，但最终还需要政府的补贴，即便如此，事实证明，从长远来看，它对巴西的经济关系，特别是与欧洲、北美洲的工业国家以及日本之间的经济关系，还是大有裨益的。

在这个时期，巴西正经历着一场史无前例的人口增长，主要是因为有大量来自欧洲的移民，也有来自日本的移民，而且这种增长还将持续几十年。对于里约热内卢来说，世界博览会意味着促进发展的一个巨大推动力，但另一方面也导致了贫民窟数量的大幅增加。仅在20世纪的前三十年间，这座港口城市的居民人数增加了两倍，达到150万。在文化上，这个国家的蓬勃发展也是有目共睹的——同样在1922年，艺术家们共同拟定了一份宣言，其中特别强调了他们特有的南美人的身份，以便从欧洲的文化影响中脱颖而出：他们郑重表示，他们不想再听有关雅典卫城或者旧世界的哥特式大教堂的讯息了。另外，巴西共产党在同一年成立，后来他们看好的候选人在大选中失利，于是他们发动了军事政变，也以失败告终。

然而，基督像这个雄心勃勃的项目仍处于起步阶段：1921年，在天主教会的推动下举办了一场征集设计方案的竞赛，天主教会希望以一种远远可见的方式表现其在巴西现代化进程中的持久影响——仅仅是选出优胜者，就又花了三年时间。最初，引发争论的是雕像的选址问题，此外，根据早期的计划，这座雕像应由青铜铸造而成。由于城市本身缺乏资金，无法从自己的预算中拨款建造雕像，而且因为政教分离，它的主管范围也是有限的，所以为此竭力发起了一场募捐。然而，最初的募捐结果并不尽人意，这也使得该项目又拖延了几年，在此期间，雕塑的设计方案也进行了多次修改。例如，相对比较晚的时候才确定，将基督的姿势设计成十字架的形状，让他张开双臂，以示福佑众生。最后，里约热内卢总教区、法国和梵蒂冈出资捐助，这座1926年才真正开始施工的雕像，尽管遭遇各种困难，最终得以建成。

救世基督像（救世主）高30米，是世界上最大的雕像之一。在基督雕像中，只有1994年修建于玻利维亚科恰班巴市的康科迪亚基督像比它高。里约的救世基督像重达1000吨，张开的双臂间的跨度为28米。它矗立在里约热内卢南边高710米的科尔科瓦多山的山顶之上，张开双臂，俯瞰着脚下著名的糖面包山，赐福给众生。在雕像高8米、占地面积100平方米的基座中有一个为来访者修建的小教堂。不过，驼背山上的救世基督像之所以倍受游客青睐，大概很难归因于在这里祷告会比较虔诚吧。其原因更可能是，站在山顶极目远眺，整座城市尽收眼底，令人叹为观止，而且在前往基督像将近4公里长的铁路沿线，风景也是如诗如画。

这座巨大的基督像用钢筋混凝土建造而成，然后以滑石作为其外层材料。这一设计出自巴西土木工程师埃托尔·席尔瓦·科斯塔之手，头部与双手由法国的雕塑家保尔·兰多夫斯基设计，此人当时在国际上很受欢迎，但现今在法国以外的地方已经鲜为人知了，科斯塔是在欧洲与他相识的。兰多夫斯基的作品中，有许多遍布世界各地，但这位偏爱穿白色西装出现在公众面前的法国人，很少受到艺术史学家的关注。

隆重的落成典礼终于在1931年的10月12号这一天的黄昏举行，不同于平时的晴空万里，景致宜人，那个傍晚阴云密布，天气状况很糟糕。这个位置被广泛赞誉为完美的选择，主要因为无论白天黑夜，几乎在城市的每一个角落都能看到这座雕像。兴奋的新闻界立刻铺天盖地地报道起科尔科瓦多山——从此刻起，这座状似驼背的山峰绝对是整个里约热内卢最美的山丘。总的来说，对这座雕像的颂扬和夸赞有些过头了：一位红衣主教在落成典礼的致辞中庄重宣告，救世基督像必会为巴西带来基督的护佑，并且消除所有的灾祸和不幸——鉴于里约和整个国家的贫困状况以及猖獗的犯罪，这是一个并非没有理由的使命。当然也可以推想，红衣主教的话同样指涉基督像下方拥有科帕卡巴纳海滩和伊帕内马海滩的这座充满活力的大都市里的非基督教活动，尤其是在狂欢节期间。

巴西国内各大报纸也希望这座引以为豪的雕像的赐福能够给巴西带来庇佑。也有人评论说，这一选址最大的优势在于，从那里可以特别清楚地看到糖面包山——这两座山长久以来始终在竞争里约热内卢"最重要的地标"这一头衔。

对这座大都市的许多居民而言，救世基督像如今仍然是希望获得拯救的象征：摆脱贫困和濒临无望的前景。身处困境时，虔诚的里约居民会几乎毫无意识地将祈求的目光投向救世主基督。作为备受敬仰的公共财富，这座雕像被许多巴西香颂赞美和讴歌，作为国际著名景观之一，却在罗兰·艾默里奇的灾难片《2012》中被亵渎，全球最著名的地标相继轰然坍塌犹如一场"盛会"宣告着世界末日的即将来临。与自由女神像类似，救世基督像也是人们热衷仿制的对象，尽管数量上要少得多——复制品不仅存在于南美各国，也出现在葡萄牙和美国。

二十
悉尼歌剧院（澳大利亚）

　　澳大利亚可以被视作地球上最年轻的大陆，因为它是旧世界为自己发现的最后一块陆地。不过这片大陆的历史依然可以追溯得很久远——确切地说追溯到人类这一物种出现之前还要很久的某个时代。大约2亿年前，从泛古陆，亦称盘古大陆（Pangäa）中分离

出来南半球的超大陆：冈瓦纳大陆（Gondwana），组成它的那些陆块后来形成了今天我们非常熟悉的大陆和次大陆，包括南美洲、非洲、南极洲、印度、马达加斯加和澳大利亚。冈瓦纳大陆在长达约一亿年的极其漫长的时间里逐渐分裂，最后留下来的是澳大利亚和南极洲，它们最终在大约 4500 万年前也彼此分离。由此产生的澳大利亚仍然与塔斯曼尼亚以及新几内亚直接相连——在相形之下显得微不足道的大约 1 万年前的上一次大冰期，上升的海平面最终将澳大利亚、塔斯曼尼亚和新几内亚分开了。在这个时期，澳大利亚已经有人类定居，他们很可能来自北边的巽他古陆——海平面还比较低时，那里曾经是大片陆地，现如今基本上只剩下了印度尼西亚群岛和马来西亚。

数万年前，人类就已经在这块大陆上定居了——确切的时间尚不确定，也一直有争议。18 世纪末，当欧洲人宣称这块大陆是新世界的一部分时，澳大利亚人仍在靠狩猎和采集果实为生，他们既没有形成类似的等级社会，也未赋予财产任何重要意义。据估计，那里总共有 75 万土著人，欧洲人到来以后，他们面临着与地球上其他地区的原住民类似的命运：欧洲人在进行殖民占领时，带来了令土著人口大量减少的疾病，使他们成为被剥夺了权利的少数民族，而且眼睁睁地被边缘化，很久以后，直到 20 世纪，他们才体会到什么是满足和认可。

1770 年 4 月，英国皇家学会的一支科学考察队在詹姆斯·库克的率领下抵达澳大利亚并且将其占领——然而，当库克的队员试图上岸活动时，迎接他们的是当地土著的长矛——1788 年，在距离他们登陆地点的不远处，建起了一个大不列颠的罪犯流放地：悉尼。这个地方是以当时英国的内政大臣悉尼勋爵的名字命名的，如今，它已是澳大利亚最大、最重要和最著名的城市。几十年以后，在更南边的地方建起了一座更年轻的城市墨尔本,澳大利亚的第二大城市,它与悉尼之间形成了一种原则上的、某种程度上与生俱来的竞争关系。其中一个重要原因在于,这两座大都市在相当长的时间里是这块大陆上仅有的大城市,而且它们都是港口城市,还分别是新南威尔士州以及维多利亚州的州府。1901 年,澳大利亚联邦成立,六个彼此独立自治的英国殖民地组成了一个联邦制国家,随后,在涉及这个新国家的定都问题时,悉尼和墨尔本之间的竞争以最令人难以置信的方式得出了结果:这两座城市争执不下,没有办法在其中做出选择,因此经过了艰苦的谈判,最终达成了一个折中方案,即在内陆地区新建一座城市作首都,也就是规模显然更小的堪培拉。

这种手足之争,无论是出于激烈的敌意,还是体育上的竞争,总会对这两座城市的发展产生深刻的影响——而且在大多数情况下都是积极的影响。它往往是一种推动力,促进了敢想、敢干、面向未来的建设。以悉尼为例,它与墨尔本之间存在由来已久的竞争,再加上墨尔本获得了 1956 年奥林匹克夏季运动会的举办权,很可能是它同样在这一时期决定着手修建一座歌剧院的原因之一。同时,对澳大利亚而言,20 世纪的 50 年代总体上是一个巨变的时代。第二次世界大战以后,从欧洲涌入这个国家的移民比以往任何时候都多,经济蓬勃发展,城市不断进步。

1947 年,英国指挥家尤金·艾因斯利·古森斯被任命为悉尼交响乐团的首席指挥,随后,他便提议建造一座歌剧院。这个倡议引发了热烈的讨论,人们对最初的设计方案和修建地点反复斟酌,然后一次又一次地否决。1954 年,澳大利亚新南威尔士州的州长约瑟夫·卡希尔接受了这项建议,并专门为此召开了一次会议。在开幕式的致辞中,他说道:为悉尼修建一座这样的建筑,不能只为精英阶层而建，而是要成为整个国家的建筑，即便在几百年之后，仍然具备世界级水准。第二年春天，距离植物园不远的便利朗角被选作了歌剧院的所在地——悉尼港的一个岬角，19世纪早期，那里先是修建了一座根本没有必要的要塞，后来被用作了有轨电车的停车场。便利朗角这个名字来源于一位被虏获的澳大利亚原住民，他住在这个岬角上并且为英国人充当翻译和文化中介者。这一地理位置赋予建筑师的任务是，将城市与港口区巧妙地连成一体并且由此在城市建设方面提升悉尼的总体水平。

又过了一年，当竞争对手墨尔本自豪地准备第一次在澳大利亚土地上举办的奥运会时，悉尼发起了一次国际性的设计大赛，来自28个国家的222名建筑师带着他们的设计方案参与了竞争。这是一个相当可观的数字，因为在这个时期，人们对于澳大利亚的认知大多还停留在一个偏远的、不是很重要的地方。然而在此期间，发起这个倡议的指挥家古森斯却因为一桩性丑闻，在50年代性观念还非常保守的澳大利亚名誉扫地，随后离开了这个国家。

在接下来的几年间，又发生了一件更具戏剧性的事情。悉尼歌剧院是在民主建设的条件下产生的，也就是说，它的修建是在澳大利亚，乃至国际公众最大限度的参与下进行的。最迟从20世纪下半叶开始，在世界上大多数国家，公共空间的建设已经不再是高高在上的决策者的事情了。政客们需要证明他们决定的合理性，促使他们这样做的原因，不仅在于会定期举行选举，还在于公众已经意识到，所有花费都是他们纳的税。民主程序要求一再进行合理解释——对于这种要求，几个世纪以前手握绝对权力的出资建造者大概只会轻蔑地哼上一声，这样的话，旋即便可以十分自信地佯装不知道。但现在，媒体作为民主的代言人行使着它们的监督职能——它们需要盈利并且受益于公众的极大关注，同时也会促进公众的关注。长达近二十年的漫长的规划和建造周期，最终加剧了不耐烦、非议和倦怠——并且导致了国家决策层的人员更换。

出乎所有人意料的是，1957年1月底，设计大赛的评审团将此前在国际上一直默默无闻的丹麦建筑师约恩·伍重提交的雄心勃勃、卓越非凡的设计方案选定为最佳作品。根据评审团的陈述，他们知道自己选择了一个有争议的设计方案，但他们认为，它有可能让计划修建的歌剧院成为世界上最好的建筑之一。

伍重设计了一座宏伟的建筑，内设多个演出厅，总共可以容纳数千名观众，整个建筑由两部分组成，它们的设计截然不同：首先是一个敦实的下部结构，它带有一个平台，从外部通过极其宽阔的露天台阶可以直抵平台，车辆通道和停车场都隐藏在台阶下方，内部除了比较小的功能厅以外，还包含服务区。宏大的演出厅则直接安置在造型独特的屋顶结构下方：多个嵌套在一起的"贝壳"构成上部结构，它们闪烁着白色的光芒，犹如云朵般漂浮在宽阔的平台上方。两个最大的演出厅——音乐厅和歌剧厅——相邻而建，它们的休息间位于岬角的末端，幕间休息时，可以在此处观赏震撼人心的海港美景。

这个设计之所以备受青睐，关键在于其独特的形式语言：巨大、宽阔的平台上方挺立着多个部分组成的屋顶结构，10个最高可达60米的"贝壳"巍然高耸，它们前后依抱，就像半个半个的坚果壳套扣在一起。壮观的平台上这一生动的屋顶景观常常被称作歌剧院的第五个立面。这种屋顶设计的灵感究竟来源于何处，一直是探讨的焦点；建筑师本人也乐于让这种有关灵感来源的讨论继续下去。这些贝壳状的屋顶大多会让人联想到悉尼港川流不息的船只的船帆，而且这位建筑师的确是一位造船商的儿子。不过，在一次被问及时，伍重曾指出，或许他只是开玩笑，他在丹麦的家门前看到一群天鹅闲庭信步。他还提到,把剥下来的橘子皮交叠在一起,给了他很多启发。其他的联想还包括白雪皑皑的山峰或者是一朵异常美丽的鲜花正在绽放的蓓蕾。无论哪种情况,这个设计方案都令人信服,因为它兼具了诗意、壮观和想象力;这座建筑物犹如一座雕塑矗立在城市和港口毫无遮蔽的地带,在不同的角度展现着不一样的景象。

伍重在尤卡坦半岛旅行期间受到了当地建筑艺术的影响,是有据可依且显而易见的。在那里,玛雅人的神庙建筑给他留下了深刻的印象,它们都建有可以步行上去的平台,由此创造了一个庄严并且更加接近天空的地方,然后再在上面修建起真正的神庙。当然,所有人都可以步行从台阶侧的入口进入悉尼歌剧院,因为无论在建筑设计方面,还是在使用方面,它都不是专为少数名流贵族而建的,确切地说,它是一座民主的建筑。歌剧院的世俗性质与神庙建筑的宗教性质之间存在着内容上的鸿沟,但只需指明,文化是现代世俗社会的宗教,就可以轻而易举地将其弥合。

便利朗角的性质是一个狭长的半岛,选址在这个地方对于施工来说是一项挑战:一座规模如此之大、拥有多个大型演出厅的剧院,不仅要在内部处处为观众着想——无论是演出厅的视觉感受,音响效果,抑或建筑内部的通道。车辆通道和停车场也同等重要。伍重的设计意图是,进行功能分离,将车辆通道和停车场安置在建筑物下方。建筑师希望以此将机动车交通与行人交通分隔开,并且把平台用作建筑物主要功能(活动演出)和次要功能(车辆通道)之间的分界线。他成功地让这座建筑如雕塑一般四面八方都向游客开放——而且格外轻松地就可以将它尽收眼底。

不出所料,评审团的决定在国际上造成了轰动,当然也引发了激烈的讨论,尤其是在澳大利亚。对这个评选结果的反应可谓五花八门，从"伟大的诗意建筑"到"丹麦的奶油泡芙"或者"坍塌的马戏团帐篷"，等等。傲慢的建筑批评家虽然承认这个设计方案是一大杰作，但是却断然否认，澳大利亚的公众会欣赏这样一颗建筑艺术的明珠。

采用伍重这一蔚为壮观、史无前例的设计方案，是一个极其大胆且又具有开创性的决定。如果说要为这个城市创建的并非仅仅是一座新地标，而是一个永恒的建筑偶像，并且还要以建筑的形式来展现澳大利亚人的骄傲，毫无疑问，这个决定是一种冒险。1958年，这位魅力四射的丹麦建筑师偕同家人的到来，产生了尤其积极的作用：整个悉尼都为之倾倒。

在这座建筑竣工之前，贝壳状屋顶那独一无二的线条已经举世闻名。早在1962年，澳大利亚的一家妇女杂志就推荐了一款帽子，它不仅在造型上以尚未建成的歌剧院为蓝本，而且还直接以它命名——澳大利亚偶像级喜剧明星艾德娜夫人在70年代出席英国阿斯科特赛马会，此大会俨然一场"赏帽"大会，再次展示了这款帽子，其造型极其夸张，帽檐格外宽阔。这位丹麦建筑师的扛鼎之作很快就成为20世纪的代表性建筑——没有哪座建筑能够像悉尼歌剧院这样，引发了如此之多的讨论和书面评论。1965年，距离歌剧院竣工还有很长一段时间，当时最重要的建筑史学家之一瑞士人西格弗里德·吉迪翁盛赞悉尼歌剧院引领了20世纪第三代现代建筑艺术的发展方向。

然而，不久之后，各种问题便随之而来，因为要把这个伟大的设计成就以建造的形式付诸实施难度极大。尤其是屋顶的"贝壳"无法按照伍重的设计实现，于是先进行了多年的反复试验，最终按照修改后的样式建造而成，这损害了屋顶结构预期的有机印象。修建悉尼歌剧院，尤其是屋顶"贝壳"结构时遇到的技术问题，促成了首次大规模地将计算机应用于某个设计项目。当时的计算机仍是巨型机器，有一间房子那么高，相对而言十分笨重，而且其可靠性有待商榷。当今的建筑师、结构工程师和工程设计师们可以直接从一系列专门为他们的工作目的设计的软件中挑选自己需要的——这是当年悉尼歌剧院的建造者甚至做梦都想不到的，因为这类东西连个影子都没有。而且，是否有功能足够强大的计算机可供使用，都是个问题——而且全世界都是这样。反正，他们得自己编写必要的程序。

几年过去了，歌剧院固执地拒绝竣工。澳大利亚报界的漫画家们借此机会，乐此不疲地就这座建筑进行了长期创作，而且花样百出。预算不断追加，已然变成了无底洞——建筑成本飙升到了天文数字，因为这一史无前例的大胆设计对设计和施工的挑战在资金方面产生了不利的副作用。最初的预算是大约350万澳大利亚镑（相当于1966年货币改制后的700万澳元）——这在当年已经是一笔非常可观的预算了——到了1965年，已经增至惊人的2500万澳大利亚镑（5000万澳元）。同年5月，重新选举出的新南威尔士州政府下定决心，不能任由这项建筑工程所需的资金越来越多而袖手旁观，而且伍重的一位重要支持者不得不让位走人。突然间，这位总建筑师和他的工作人员也无法拿到报酬了，主管部门千方百计阻挠这个项目的施工，直到最后，伍重不堪忍受种种刁难和打击，愤然辞职了。1966年，这位建筑师在为他最重要的建筑作品付出了将近十年的辛苦工作之后，离开了这个项目。然而，费用的增加根本不可能因此被遏制，建筑师退出后，成本又翻了一番，最终，总耗资为1.02亿澳元。

这起闻所未闻的事件，引发了一场声势浩大的抗议潮——建筑专业的学生和建筑工人、知名建筑师以及各方面的文化工作者都公开声援被排挤走的建筑师。他们绝非仅仅是抗议新政府展现出来的恶劣的行为方式，而是要维护整个行业对创造的自我认知。

同类事件一再发生，而且还会继续出现：投资建造者无视建筑师的知识产权，将其贬低为只能为实现他们的利益提供服务的人。一旦出现问题，他们往往喜欢拿建筑师当替罪羊，而建筑师对此根本就不负有责任，或者只负有非常有限的责任。"显然，这种天才是可有可无的，而且对于政府来说，不过就是个麻烦"，伍重一位愤怒的同行如是写道。这个事件首次在较大范围内引起了人们对建筑领域富有创造性的创作者身份问题的关注，在抗议行为蔚然成风的60年代，人们发起了许多活动，以引起各界对伍重事件前因后果的关注。另外，抗议活动的参与者中有很多非常值得尊敬的成员，尤其是国际建筑界精英中的精英，其中包括路易斯·康、瓦尔特·格罗皮乌斯和费利克斯·坎德拉。

新南威尔士州的新州长却想惩一儆百，丝毫不肯退让。接替伍重的是一个建筑师团队，他们将在一位政府建筑师的领导下继续这项工作，而这个建筑的真正创造者以后只能以下属的身份协助施工。此人当然是拒绝的：伍重离开了悉尼，而且再也没有回来过。这一切导致的后果是，整个内部设计和装修由他的继任者全权负责，结果与建筑师原先的构想大相径庭。

采用伍重的设计方案的决定是在墨尔本奥林匹克运动会结束时做出的。鉴于建造过程中的种种困难和挫折，地球上又举行了四届奥运会以后，1973年，英联邦元首、英国女王伊丽莎白二世才将悉尼歌剧院移交给公众。按照最初的估算，竣工时间本该是1963年。举行落成典礼时，这座建筑的创造者并未受到邀请，在这个场合，甚至连他的名字都未曾提及。但是，他的作品早就升格为澳大利亚的标志，被盛赞为完美的城市雕塑和世纪性建筑。在举办了七届奥运会之后，悉尼歌剧院以一场特别的灯光秀为轻松愉快的 2000 年悉尼奥运会营造了气氛盎然的场景。约恩·伍重以不甚体面的方式离开悉尼四十年以后，在他去世前几年间，曾有专人就这座建筑的翻修工作咨询过他的意见，他这才得到了迟来的认可。来人恳请这位世界上最著名的歌剧院真正的创造者，制订一套设计准则，以便在即将进行的和未来所有的修缮改造工作中都能够考虑到他的设计理念。歌剧院的一个小演出厅按照他的设计方案进行了改造。此外，他在 2003 年——尤其是因为他在悉尼的杰作——获得了享有盛誉的普利茨克奖，这个奖项号称"建筑界的诺贝尔奖"，是世界上最重要的建筑大奖。

悉尼歌剧院不仅成为这座城市，乃至整个国家城市建设的识别符号，成为现代建筑的化身，而且还是世界上使用频率最高的剧院之一。每年，在它的各个演出厅，面向 100 多万观众，会举办大约 1700 场活动和演出，还有 300 万参观者仅为看看这座不同凡响的建筑而来。悉尼歌剧院被视作建筑偶像的原型，可以赋予一座城市名气、形象和认可。从此以后，世界各地很多城市都以它为榜样，纷纷效仿——或多或少地也取得了一定成就。然而，一座建筑只有在特定情况下才能够起到这样的作用，即不仅要与城市的本质和气质完全合拍，而且能为城市增光添彩——但它同时还得能够激发挑剔的建筑批评界和广大公众的热情。这对建筑师和投资建造者都提出了很高的要求，而且不可能每次都成功。提起悉尼歌剧院，很多同时代的人会立刻评判说，如果要评选现代世界七大奇迹的话，这座建筑应当拥有一席之地。偏巧，1995 年，这座拥有近二十年历史的音乐剧院首次上演了一部关于它自己的歌剧：艾伦·约翰和丹尼斯·沃特金斯的《第八大奇迹》。

不过，在精英圈的人眼中，歌剧院这么快就博得广大公众的喜爱，却是弊大于利。悉尼歌剧院落成以后，建筑批评家们也绝非人人尽欢。合理的原因无外乎两个事实：其一，多组贝壳状屋顶未能如设计方案规划的那样，令人信服地有机组合在一起。其二，建筑师伍重倍受屈辱地辞职以后，内部设计和装修全部由他人完成。从纯粹主义批评家的角度来看，这座建筑已然有了缺陷。尽管喝彩声不断，也有几位20世纪的建筑编年史学家对伍重的建筑避而不提。直到80年代，悉尼歌剧院才被绝大多数人誉为该世纪最重要的建筑之一——例如，挪威的建筑史学家克里斯蒂安·诺贝格-舒尔茨（Christian Norberg-Schulz）在1996年这样写道，"它成功地将天空与大地、风景与城市、浩瀚与亲密、思维与感知融合为一体，体现了技术实践与有机形式的统一"。

美国建筑师路易斯·康对悉尼歌剧院的评价或许是最高的赞誉，本书汇集的所有世界新奇迹的创造者和投资修建者肯定也得到过类似形式的褒奖："太阳发出了多么美妙的光芒，然而只有当光被这座建筑反射时，太阳才会意识到这一点。"

后　记

　　2007年7月7日，里斯本举行了一场盛大的庆典，评选出了"新"的世界七大奇迹。这场精心举办的大型活动有5万名观众，面向全球170个国家和地区转播，选择这一日期也绝非巧合，目的在于尽可能多地出现7这个数字。来自世界各地的明星飞抵葡萄牙的首都，在音乐和掌声中——类似于奥斯卡的颁奖礼——宣布，之前确定的20个候选者中，哪7个会当选新的世界奇迹。然而，这最后一步不同于世界上最著名的奥斯卡电影奖，它不是由评审团投票选出的，而是在互联网上进行的大规模的票选。据说，全世界总计大约1亿人参与了投票，这也使它成为有史以来规模最大的一次评选活动。

　　评选出新的世界奇迹这个想法源于百万富翁伯纳德·韦伯，一位瑞士的媒体人和冒险家。自2001年起，他领导的组织"世界新奇迹基金会"一直在为此进行呼吁，并组织了大量具有媒体效应的活动来宣传这个倡议。根据韦伯自己所述，伊斯兰激进主义的塔利班炸毁阿富汗著名的巴米扬大佛，促使他有了这样的想法。他希望人们可以通过这项活动开阔视野，了解他们自己的以及其他国家的文化。第一批名单包括大约200座建筑，经过初步的网络投票，名单上的候选者减少到了77个。在第二个阶段，由联合国教科文组织前总干事费德里科·马约尔·萨拉戈萨担任主席的7人建筑师评审团将名单上的候选者缩减至21个。其中之一是后来不得不从名单中删除的吉萨金字塔群：开罗对于入围并不是很高兴，更不用说感到荣幸了。在埃及——毕竟是唯一现存的古代世界奇迹所在的国家——人们感到在重选世界奇迹中将其考虑进去是一种轻视，或许不认为它需要作为候选者参与评选。埃及文化部长霍斯尼说，金字塔无论如何都是世界上最重要的建筑奇迹，因此，投票表决根本就是胡闹。鉴于埃及的严厉抗议，金字塔被从名单中删除，转而被宣布为"永恒的世界奇迹"。

庆典活动的赞助人葡萄牙前外交部长迪奥戈·弗雷塔斯·多阿马拉尔特别高兴，因为在他看来，这是第一次全世界都可以进行的投票评选。英国演员本·金斯利称赞这次活动是对世界文化多样性的颂扬。相反，联合国教科文组织对这次评选活动的方式提出了批评，因为世界奇迹很难通过公众投票来确定。在最终结果揭晓前，这个国际组织就已经刻意避免与该活动有所瓜葛——它直接违背了联合国教科文组织的世界文化遗产项目，拥有该名衔的古迹都是以科学为基础、在明确条件下选定的，却仍属于候选者之列。尽管再三邀约，联合国教科文组织依然不愿意参与到该项目之中，因为它不符合该组织的设想和要求。另有一些批评人士认为，这次活动是一个巨大的宣传噱头，投票方式并不具有代表性。一方面，所有无法使用电脑或电话的人都被排除在参与投票之外；另一方面，虽然细则中没有明确规定，但可以毫不费力地多次投票。此外，在一些国家，官方不遗余力地为投票大事宣传，而在其他地方，这项活动没有受到太多的关注。有的国家，政府首脑和国家领导人极力主张投票支持自己的候选者，甚至把投赞成票升格为公民的义务。人口众多的国家也有明显的优势。

另一个非议点是，韦伯提出倡议，要为保护这些建筑而努力。这必定会引起专家的不满，因为参选的这些世界奇观作为旅游热点和国家象征几乎不必为了保护问题而进行斗争——与之形成鲜明对比的是那些名气较小，但绝非并不重要的文化古迹，它们被任由坍塌损坏，甚至被毫无顾忌地摧毁。

因此必须看到，最后一轮评选出来的七大世界奇迹，其结果跟国家利益和民族自豪感有一定关系——对于大多数的投票人来说，重点可能不在于推选出最值得该称号的候选者，而是要有利于自己的国家。

在奇琴伊察、里约热内卢和秘鲁，广大群众密切关注结果的公布，他们并不为这一缺陷所困扰：当"他们的"候选者中标时，他们热烈地鼓掌喝彩。

附：世界奇迹和世界奇迹候选者名单

古代世界七大奇迹：
- 巴比伦赛米拉米斯的空中花园（伊拉克）
- 罗得岛巨像（希腊）
- 哈利卡纳索斯的摩索拉斯二世国王陵墓（土耳其）
- 亚历山大港的法罗斯岛灯塔（埃及）
- 吉萨金字塔群（埃及）
- 阿耳忒弥斯神庙（希腊）
- 菲狄亚斯的宙斯巨像（希腊）

新的世界奇迹：
- 佩特拉（约旦）
- 斗兽场（意大利）
- 奇琴伊察（墨西哥）
- 马丘比丘（秘鲁）
- 长城（中国）
- 泰姬陵（印度）

- 救世基督像（巴西）

退出竞争：
- 吉萨金字塔群（埃及）

最后 20 名候选者名单：
- 巨石阵（英国）
- 雅典卫城（希腊）
- 佩特拉（约旦）
- 斗兽场（意大利）
- 圣索菲亚大教堂（土耳其）
- 奇琴伊察（墨西哥）
- 吴哥窟（柬埔寨）
- 阿尔罕布拉宫（西班牙）
- 廷巴克图（马里）
- 复活节岛（智利）
- 马丘比丘（秘鲁）
- 长城（中国）
- 莫斯科克里姆林宫（俄罗斯）
- 泰姬陵（印度）
- 清水寺（日本）
- 新天鹅堡（德国）
- 自由女神像（美国）
- 埃菲尔铁塔（法国）
- 救世基督像（巴西）
- 悉尼歌剧院（澳大利亚）

77名候选者名单：

1. 长城（中国）
2. 布达拉宫（中国）
3. 泰姬陵（印度）
4. 斗兽场（意大利）
5. 奇琴伊察（墨西哥）
6. 复活节岛（智利）
7. 比萨斜塔（意大利）
8. 埃菲尔铁塔（法国）
9. 马丘比丘（秘鲁）
10. 克里姆林宫（俄罗斯）
11. 萨那老城（也门）
12. 凡尔赛宫（法国）
13. 阿尔罕布拉宫（西班牙）
14. 吴哥窟（柬埔寨）
15. 自由女神像（美国）
16. 圣家族大教堂（西班牙）
17. 圣索菲亚大教堂（土耳其）
18. 悉尼歌剧院（澳大利亚）
19. 佩特拉（约旦）
20. 金门大桥（美国）
21. 廷巴克图（马里）
22. 米娜克希女神庙（印度）
23. 皇宫（日本）
24. 帝国大厦（美国）
25. 亚琛大教堂（德国）

26. 道奇宫（意大利）
27. 金庙（印度）
28. 雅典卫城（希腊）
29. 布里哈迪斯瓦拉神庙（印度）
30. 阿鲁纳恰拉斯瓦拉神庙（印度）
31. 斯拉瓦纳贝拉戈拉的戈玛特斯瓦拉巨像（印度）
32. 圣地亚哥-德孔波斯特拉主教座堂（西班牙）
33. 国会大厦（匈牙利）
34. 巨石阵（英国）
35. 新天鹅堡（德国）
36. 马摩拉普拉姆古寺庙群（印度）
37. 格尔茨什山谷桥（德国）
38. 法身寺（泰国）
39. 科隆大教堂（德国）
40. 圣母教堂（德国）
41. 塞维利亚的吉拉达钟楼（西班牙）
42. 吉萨金字塔群（埃及）
43. 莲花寺（印度）
44. 兵马俑（中国）
45. 布拉格城堡（捷克共和国）
46. 故宫（中国）
47. 教堂桥（瑞士）
48. 伦敦塔（英国）
49. 大本钟（英国）
50. 石油双塔（马来西亚）
51. 慕尼黑奥林匹克体育场和奥林匹克公园（德国）

52. 清水寺（日本）

53. 斯基里亚废墟（斯里兰卡）

54. 议会大厦（英国）

55. 科尔多瓦大清真寺（西班牙）

56. 阿布辛贝神庙（埃及）

57. 圣保罗大教堂（英国）

58. 特奥蒂瓦坎金字塔（墨西哥）

59. 伦敦眼（英国）

60. 查理大桥（捷克共和国）

61. 圣彼得大教堂（梵蒂冈）

62. 热那克普千柱神庙（印度）

63. 救世基督像（巴西）

64. 拉什莫尔山国家纪念公园（美国）

65. 古根海姆博物馆（西班牙）

66. 纳斯卡线条（秘鲁）

67. 圣米歇尔山（法国）

68. 阿拉伯塔酒店（阿拉伯联合酋长国）

69. 西斯廷教堂（梵蒂冈）

70. 王宫（西班牙）

71. 格林尼治天文台（英国）

72. 加拿大国家电视塔（加拿大）

73. 帝王谷（埃及）

74. 纽格兰奇墓地（爱尔兰）

75. 塞哥维亚古罗马水道桥（西班牙）

76. 帕纳辛奈科体育场（希腊）

77. 巴拿马运河（巴拿马）

参考文献

巨石阵（英国）

Aveni, Anthony: *People and the Sky. Our Ancestors and the Cosmos*, New York 2008.

Bialas, Volker: *Astronomie und Glaubensvorstellungen in der Megalithkultur. Zur Kritik der Archäoastronomie* (= Bayrische Akademie der Wissenschaften, Mathem.-Naturwiss. Klasse, Abhandl. N. F., 166), München 1988.

Castleden, Rodney: *The Stonehenge People. An Exploration of Life in Neolithical Britain 4700-2000 BC*, London 1987.

Chippindale, Christopher: *Stonehenge Complete*, London 2004.

Cunliffe, B. / C. Renfrew (Hg.): *Science and Stonehenge*, Oxford 1997, 1999.

Hawkes, Jacquette: »God in the Machine«, *Antiquity* 51 (1967), S. 174-180.

Kelley, David H. / Eugene F. Milone (Hg.): *Exploring Ancient Skies. An Encyclopedic Survey of Archaeoastronomy*, New York 2005.

Mahlstedt, Ina: *Die religiöse Welt der Jungsteinzeit*, Darmstadt 2004.

Maier, Bernhard: *Stonehenge: Archäologie, Geschichte, Mythos*, München 2005.

Müller-Beck, Hansjürgen: *Die Steinzeit. Der Weg der Menschen in die Geschichte*,

München 2004[3].

Müller-Karpe, Hermann: *Religionsarchäologie. Archäologische Beiträge zur Religionsgeschichte*, Frankfurt / M. 2009.

Ruggles, Clive / N. J. Saunders (Hg.): *Astronomies and Cultures*, Colorado 1993.

雅典卫城（希腊）

Bleicken, Jochen: *Die athenische Demokratie*, Paderborn 1994[2].

Brommer, Frank: *Die Akropolis von Athen*, Darmstadt 1985.

Hoepfner, Wolfram (Hg.): *Kult und Kulthauten auf der Akropolis*, Berlin 1997.

Hurwit, Jeffrey M.: *The Athenian Acropolis. History, Mythology, and Archaeology from the Neolithic Era to the Present*, Cambridge 1999.

Muss, Ulrike / Charlotte Schubert: *Die Akropolis von Athen*, Graz 1988.

Schneider, Lambert A. / Christoph Höcker: *Die Akropolis von Athen. Antikes Heiligtum und modernes Reiseziel*, Köln 1990.

Sinn, Ulrich: *Athen. Geschichte und Archäologie*, München 2004.

＊佩特拉（约旦）

Hackl, Ursula: *Quellen zur Geschichte der Nabatäer. Textsammlung mit Übersetzung und Kommentar*, Freiburg / Schweiz, 2003.

Lindner, Manfred: *Petra und das Königreich der Nabatäer. Lebensraum, Geschichte und Kultur eines arabischen Volkes der Antike* (= Abhandlungen der Naturhistorischen Gesellschaft Nürnberg, 35), Nürnberg 1997[6].

Nissen, Hans J.: *Grundzüge einer Geschichte der Frühzeit des Vorderen Orients* (= Grundzüge, 52), Darmstadt 1983.

Schmid, Stephan G.: »The Nabataeans: Travellers between Lifestyles«, Burton MacDonald / Russell Adams / Piotr Bienkowski (Hg.), *The Archaeology of*

Jordan, Sheffield 2001, S. 367- 426.

Taylor, Jane: *Petra and the Lost Kingdom of the Nabataeans*, London 2001.

* 斗兽场（意大利）

Bleicken, Jochen: *Geschichte der Römischen Republik*, München 2004^6.

Connolly, Peter: *Colosseum-Arena der Gladiatoren*, Stuttgart 2005.

Junkelmann, Marcus: *Das Spiel mit dem Tod. So kämpften Roms Gladiatoren*, Mainz 2000.

Köhne, Eckart/Cornelia Ewigleben (Hg.): *Gladiatoren und Caesaren. Die Macht der Unterhaltung im antiken Rom*, Mainz 2000.

Kuell, Heiner: *Bauprogramme römischer Kaiser*, Mainz 2004.

Wiedemann, Thomas E.: *Kaiser und Gladiatoren. Die Macht der Spiele im antiken Rom*, Darmstadt 2001.

圣索菲亚大教堂（土耳其）

Bringmann, Klaus: »Iustinian I ., 527-565«, Manfred Clauss (Hg.), *Die römischen Kaiser. 55 historische Portraits von Caesar bis Iustinian*, München 1997, S. 431-450.

Freye, Andreas: *Die Eroberung von Konstantinopel 1453 und die Transformation der Stadt*, München 2007.

Hoffmann, Volker (Hg.): *Die Hagia Sophia in Istanbul. Akten des Berner Kolloquiums vom 21. Oktober 1994*, Bern 1997.

Hoffmann, Volker (Hg.): *Die Hagia Sophia in Istanbul. Bilder aus sechs Jahrhunderten und Gaspare Fossatis Restaurierung der Jahre 1847 bis 1849* (Ausst.-Kat.), Bern 1999.

Mainstone, Rowland J.: *Hagia Sophia. Architecture, Structure and Liturgy of*

Justinian's Great Church, London 1988.

Necipoğlu, Gülru: »The Life of an Imperial Monument: Hagia Sophia after Byzantium«, Robert Mark /Ahmet Ş. Çakmak (Hg.): *Hagia Sophia from the Age of Justinian to the Present*, Cambridge 1992, S. 195-225.

Schreiner, Peter: *Byzanz 565-1453*, München 2008³.

* 奇琴伊察（墨西哥）

Aveni, Anthony F.: *Dialog mit den Sternen*, Stuttgart 1995.

Coe, Michael D.: *The Maya*, London 1996.

Gutberlet, Bernd Ingmar: *Der Maya-Kalender. Die Wahrheit über das größte Rätsel einer Hochkultur*, Bergisch Gladbach 2009.

Grube, Nikolai (Hg.): *Maya. Gottkönige im Regenwald*, Köln 2000.

Schele, Linda / David Freidel: *Die unbekannte Welt der Maya. Das Geheimnis ihrer Kultur entschlüsselt*, München 1999.

Sharer, Robert J. / Loa P. Traxler: *The ancient Maya*, Stanford 2006.

吴哥窟（柬埔寨）

Angkor. *Göttliches Erbe Kambodschas* (Ausst.-Kat.), München 2007.

Chandler, David: »Angkors Niedergang: Zusammenbruch oder Wandel?«, James A. Robinson / Klaus Wiegandt (Hg.), *Die Ursprünge der modernen Welt. Geschichte im wissenschaftlichen Vergleich*, Frankfurt / Main 2008, S. 327-374.

Freeman, Michael / Claude Jacques: *Ancient Angkor*, Bangkok 1999.

Golzio, Karl-Heinz: *Geschichte Kambodschas. Das Land der Khmer von Angkor bis zur Gegenwart*, München 2003.

Golzio, Karl-Heinz (Gg.): *Macht und Glanz des alten Kambodscha* (= Orientierungen. Zeitschrift zur Kultur Asiens, Themenheft), München 2007.

Roveda, Vittorio: *Sacred Angkor. The Carved Reliefs of Angkor Wat*, Bangkok 2003.

Roveda, Vittorio: *Khmer Mythology*, Bangkok 2000[3].

阿尔罕布拉宫（西班牙）

Brentjes, Burchard: *Die Mauren. Der Islam in Nordafrika und Spanien (642-1800)*, Leipzig 1992[2].

Brentjes, Burchard: *Die Kunst der Mauren. Islamische Traditionen in Nordafrika und Südspanien*, Köln 1992.

Grabar, Oleg: *Die Alhambra*, Köln 1981.

Jayyusi, Salma Khadra (Hg.): *The Legacy of Muslim Spain* (= Handbuch der Orientalistik, I,12), Leiden 1992.

Krämer, Gudrun: *Geschichte des Islam*, München 2007.

廷巴克图（马里）

Ansprenger, Franz: *Geschichte Afrikas*, München 2004.

Caillié, René: *Reise nach Timbuktu 1824-1828*, hg. v. H. Pleticha, Tübingen 2006.

De Villiers, Marq / Sheila Hirtle: *Timbuktu. The Sahara's Fabled City of Gold*, New York 2007.

Dijk, Lutz van: *Die Geschichte Afrikas*, Frankfurt / Main 2004.

Grün, Horst Jürgen: *Die Reisen des Ibn Battuta*, 2 Bde., München 2007.

Hunwick, John O.: *The Hidden Treasures of Timbuktu. Historic City of Islamic Africa*, London 2008.

Iliffe, John: *Geschichte Afrikas*, München 2003[2].

Lange, Dierk: *Ancient Kingdoms of West Africa*, Dettelbach 2004.

Sattin, Anthony: *The Gates of Africa: Death, Discovery, and the Search for Timbuktu*. New York 2003.

复活节岛（智利）

Bahn, Paul G. / John Flenly: *The Enigmas of Easter Island*, Oxford 2003.

Diamond, Jared: *Kollaps. Warum Gesellschaften überleben oder untergehen*, Frankfurt / Main 2005, S. 103-153.

Fischer, Steven Roger: *Island at the End of the World. The Turbulent History of Easter Island*, London 2005.

Haun, Beverly: *Inventing »Easter Island«*, Toronto 2008.

Keller, Ulrike (Hg.): *Reisende in der Südsee (seit 1520), Ein Kulturhistorisches Lesebuch*, Wien 2004.

McAnany, Patricia A./Norman Yoffee (Hg.), *Questioning Collapse. Human Resilience, Ecological Vulnerability, and the Aftermath of Empire*, Cambridge, NY. 2009.

Oth, René: *Völker der Sonne. Versunkene Kulturen Südamerikas*, Stuttgart 2005.

*马丘比丘（秘鲁）

Carrasco, David: »Städte und Symbole-Die alten mittelamerikanischen Religionen«, Mircea Eliade, *Geschichte der religiösen Ideen*, Bd. 4, Freiburg i. Br. 1991, S. 13-54.

Guevara, Ernesto »Che«: *The Motorcycle Diaries. Latinoamericana-Tagebuch einer Motorradreise 1951/52*, Köln 2004.

Julien, Catherine: *Die Inka. Geschichte, Kultur, Religion*, München 2007[4].

Prem, Hanns J.: *Geschichte Altamerikas* (= Oldenbourg Grundriss der Geschichte, 23), München 2007[2].

Riese, Berthold: *Machu Picchu. Die geheimnisvolle Stadt der Inka*, München 2004.

克里姆林宫（俄罗斯）

Burian, Jiri / Oleg A. Svidkovskij: *Der Kreml in Moskau. Architektur und Kunst*,

Stuttgart 1975.

Hösch, Edgar: *Geschichte Russlands. Vom Kiever Reich bis zum Verfall des Sowjetimperiums*, Stuttgart 1996.

Martynowa, Marina / Walentin Tschorny: *Der Kreml*, Leipzig 1990.

Torke, Hans-Joachim: *Die russischen Zaren, 1547-1917*, München 2005.

Zernack, Klaus: *Polen und Russland. Zwei Wege in der europäischen Geschichte* (= Propyläen Geschichte Europas, Ergänzungsband), Berlin 1994.

* 长城（中国）

Franke, Herbert / Denis Twitchett (Hg.), *Alien Regimes and Border States, 907-1368* (= The Cambridge History of China, 6), Cambridge 1994.

Lindesay, William: *The Great Wall Revisited. From the Jade Gate to Old Dragon's Head*, London 2007.

Lovell, Julia: *Die Große Mauer. China gegen den Rest der Welt, 1000 v. Chr.-2000 n. Chr.*, Darmstadt 2007.

Mote, Frederick / Denis Twitchett (Hg.): *The Ming Dynasty, 1368-1644, Part I* (= The Cambridge History of China, 7), Cambridge 1988.

Waldron, Arthur: *The Great Wall of China. From History to Myth*, Cambridge 1990.

* 泰姬陵（印度）

Begley, Wayne E. / Z. A. Desai (Hg.): *Taj Mahal. The Illumined Tomb*, Cambridge / Mass 1989.

Koch, Ebba: *The Complete Taj Mahal and the Riverfront Gardens of Agra*, London 2006.

Kulke, Hermann / Dietmar Rothermund: *Geschichte Indiens. Von der Induskultur bis heute*, München 2006.

Nath, Ram: *Private Life of the Mughals of India (1526-1803 A. D.)*, New Delhi 2005.

Verma, Nirmala: *History of India. Mughal Period*, Jaipur 2006.

清水寺（日本）

Dougill, John: *Kyoto. A Cultural History*, Oxford 2006.

Graham, Patricia J.: *Faith and Power in Japanese Buddhist Art*, Honolulu 2007.

Ienaga, Saburō: *Kulturgeschichte Japans*, München 1990.

Inoue, Kiyoshi: *Geschichte Japans*, Frankfurt / Main 1993.

Kimura, Naoji: *Der »Ferne Westen« Japan. Zehn Kapitel über Mythos und Geschichte Japans* (= Österreichische und Internationale Literaturprozesse, 19), St. Ingbert 2003.

Mosher, Gouverneur: *Kyoto. A Contemplative Guide*, Rutland 1964.

Nishi, Kazuo: *What is Japanese Architecture? A Survey of Traditional Japanese Architecture*, Tokio 2003.

Pohl, Manfred: *Geschichte Japans*, München 2002.

Ponsonby-Fane, Richard: *All About Kyoto. The Old Capital of Japan (794-1869)*, Kyoto 1956.

新天鹅堡（德国）

Botzenhart, Christof: *»Ein Schattenkönig ohne Macht will ich nicht sein«. Die Regierungstätigkeit König Ludwigs II. von Bayern*, München 2004.

Häfner, Heinz: *Ein König wird beseitigt. Ludwig II. von Bayern*, München 2008.

Herre, Franz: *Ludwig II. von Bayern. Sein Leben-Sein Land-Seine Zeit*, Stuttgart 1986.

Petzet, Michael: *Gebaute Träume. Die Schlösser Ludwigs II. von Bayern*, München 1995.

Prinz, Friedrich: *Ludwig II. Ein königliches Doppelleben*, Berlin 1993.

Strasser, Jürgen: *Wenn Monarchen Mittelalter spielen ... Die Schlösser Pierrefonds und Neuschwanstein im Spiegel ihrer Zeit*, Stuttgart 1994.

Sykora, Katharina (Hg.): *»Ein Bild von einem Mann«. Ludwig II. von Bayern. Konstruktion und Rezeption eines Mythos*, Frankfurt / Main 2004.

Tschoeke, Jutta: *Neuschwanstein. Planungs- und Baugeschichte eines königlichen Burgbaus im ausgehenden 19. Jahrhundert*, (Diss.) Nürnberg 1977.

自由女神像（美国）

Besier, Gerhard / Gerhard Lindemann: *Im Namen der Freiheit. Die amerikanische Mission*, Göttingen 2006.

Daniels, Roger: *Coming to America. A History of Immigration and Ethnicity in American Life*, New York 1990, 2002^2.

Dippel, Horst: *Geschichte der USA*, München 2003^6.

Lears, Jackson: *Rebirth of a Nation. The Making of Modern America, 1877-1920*, New York 2009.

Lemoine, Bertrand: *La Statue de Liberté*, 1986.

Moreno, Barry. *The Statue of Liberty Encyclopedia*, New York 2000.

Sautter, Udo: *Geschichte der Vereinigten Staaten von Amerika*, Stuttgart 1998^6.

Spickard, Paul A.: *Almost all Aliens. Immigration, Race and Colonialism in American History and Identity*, New York 2007.

Weisberger, Bernard A.: *Statue of Liberty: The First Hundred Years*, New York 1985.

埃菲尔铁塔（法国）

Barthes, Roland: *Der Eiffelturm*, München 1970.

Findling, John E. / Kimberley D. Pelle: *Encyclopedia of World's Fairs and*

Expositions, Jefferson 2008.

Greenhalgh, Paul: *Ephemeral Vistas. The »Expositions universelles«, Great Exhibitions and World's Fairs, 1851-1939*, Manchester 1988.

Hall, Thomas: *Planung europäischer Hauptstädte. Zur Entwicklung des Städtebaus im 19. Jahrhundert*, Stockholm 1986.

Hong, Jean-Kyeong: *Die Folgen der industriellen Revolution für die Baukunst. Der Entwicklungsprozess der neuen Bautypen zwischen Coalbrookdalebrücke 1779 und Eiffelturm 1889*, (Diss.) Köln 1994.

König, Wolfgang / Wolfhard Weber (Hg.), *Netzwerke, Stahl und Strom 1840 bis 1914*, (= Propyläen Technikgeschichte, 4) Berlin 1990.

Kowitz, Vera: *La tour Eiffel. Ein Bauwerk als Symbol und als Motiv in Literatur und Kunst* (Frankreich-Studien, 5), Essen 1989.

Kretschmer, Winfried: *Geschichte der Weltausstellungen*, Frankfurt/ Main 1999.

Loyrette, Henri: »La Tour Eiffel«, Pierre Nora (Hg.), *Les Lieux de Mémoire*, Bd. III, 3, Paris 1994, S. 475-503.

Osterhammel, Jürgen: *Die Verwandlung der Welt. Eine Geschichte des 19. Jahrhunderts*, München 2009.

Umlauf, Joachim: *Mensch, Maschine und Natur in der frühen Avantgarde. Blaise Cendrars und Robert Delauney* (= Epistemata, 145), Würzburg 1995.

* 救世基督像（巴西）

Bernecker, Walther L. / Horst Pietschmann /Rüdiger Zoller: *Eine kleine Geschichte Brasiliens*, Frankfurt / Main 2000.

Burns, E. Bradford: *A History of Brazil*, New York 1970.

Findling, John E.: / Kimberley D. Pelle: *Encyclopedia of World's Fairs and Expositions*, Jefferson 2008.

Motta, Marly Silva Da: A Nação faz cem anos. A questão nacional do Centenário da Indepêndia, Rio de Janeiro 1992.

悉尼歌剧院（澳大利亚）

Drew, Philip: *Utzon and the Sydney Opera House: As it happened, 1918-2000*, Sydney 2000.

Giedion, Sigfried: *Raum, Zeit, Architektur. Die Entstehung einer neuen Tradition*, ND Basel 1996.

Hagemann, Albrecht: *Kleine Geschichte Australiens*, München 2004.

Jencks, Charles: *The Iconic Building. The Power of Enigma*, London 2005.

Mikami, Yuzo: *Utzon's Sphere. Sydney Opera House*, Tokio 2001.

Rickard, J.: *Australia. A Cultural History*, London 1999[2].

Watson, Anne: *Building a Masterpiece. The Sydney Opera House*, Sydney 2006.

Yeomans, John: *The other Taj Mahal. What happened to the Sydney Opera House*, London 1968.

新知文库

01 《证据:历史上最具争议的法医学案例》[美]科林·埃文斯 著 毕小青 译
02 《香料传奇:一部由诱惑衍生的历史》[澳]杰克·特纳 著 周子平 译
03 《查理曼大帝的桌布:一部开胃的宴会史》[英]尼科拉·弗莱彻 著 李响 译
04 《改变西方世界的26个字母》[英]约翰·曼 著 江正文 译
05 《破解古埃及:一场激烈的智力竞争》[英]莱斯利·罗伊·亚京斯 著 黄中宪 译
06 《狗智慧:它们在想什么》[加]斯坦利·科伦 著 江天帆、马云霏 译
07 《狗故事:人类历史上狗的爪印》[加]斯坦利·科伦 著 江天帆 译
08 《血液的故事》[美]比尔·海斯 著 郎可华 译 张铁梅 校
09 《君主制的历史》[美]布伦达·拉尔夫·刘易斯 著 荣予、方力维 译
10 《人类基因的历史地图》[美]史蒂夫·奥尔森 著 霍达文 译
11 《隐疾:名人与人格障碍》[德]博尔温·班德洛 著 麦湛雄 译
12 《逼近的瘟疫》[美]劳里·加勒特 著 杨岐鸣、杨宁 译
13 《颜色的故事》[英]维多利亚·芬利 著 姚芸竹 译
14 《我不是杀人犯》[法]弗雷德里克·肖索依 著 孟晖 译
15 《说谎:揭穿商业、政治与婚姻中的骗局》[美]保罗·埃克曼 著 邓伯宸 译 徐国强 校
16 《蛛丝马迹:犯罪现场专家讲述的故事》[美]康妮·弗莱彻 著 毕小青 译
17 《战争的果实:军事冲突如何加速科技创新》[美]迈克尔·怀特 著 卢欣渝 译
18 《最早发现北美洲的中国移民》[加]保罗·夏亚松 著 暴永宁 译
19 《私密的神话:梦之解析》[英]安东尼·史蒂文斯 著 薛绚 译
20 《生物武器:从国家赞助的研制计划到当代生物恐怖活动》[美]珍妮·吉耶曼 著 周子平 译
21 《疯狂实验史》[瑞士]雷托·U.施奈德 著 许阳 译
22 《智商测试:一段闪光的历史,一个失色的点子》[美]斯蒂芬·默多克 著 卢欣渝 译
23 《第三帝国的艺术博物馆:希特勒与"林茨特别任务"》[德]哈恩斯-克里斯蒂安·罗尔 著 孙书柱、刘英兰 译
24 《茶:嗜好、开拓与帝国》[英]罗伊·莫克塞姆 著 毕小青 译
25 《路西法效应:好人是如何变成恶魔的》[美]菲利普·津巴多 著 孙佩妏、陈雅馨 译
26 《阿司匹林传奇》[英]迪尔米德·杰弗里斯 著 暴永宁、王惠 译

27	《美味欺诈:食品造假与打假的历史》[英]比·威尔逊 著 周继岚 译	
28	《英国人的言行潜规则》[英]凯特·福克斯 著 姚芸竹 译	
29	《战争的文化》[以]马丁·范克勒韦尔德 著 李阳 译	
30	《大背叛:科学中的欺诈》[美]霍勒斯·弗里兰·贾德森 著 张铁梅、徐国强 译	
31	《多重宇宙:一个世界太少了?》[德]托比阿斯·胡阿特、马克斯·劳讷 著 车云 译	
32	《现代医学的偶然发现》[美]默顿·迈耶斯 著 周子平 译	
33	《咖啡机中的间谍:个人隐私的终结》[英]吉隆·奥哈拉、奈杰尔·沙德博尔特 著 毕小青 译	
34	《洞穴奇案》[美]彼得·萨伯 著 陈福勇、张世泰 译	
35	《权力的餐桌:从古希腊宴会到爱丽舍宫》[法]让–马克·阿尔贝 著 刘可有、刘惠杰 译	
36	《致命元素:毒药的历史》[英]约翰·埃姆斯利 著 毕小青 译	
37	《神祇、陵墓与学者:考古学传奇》[德]C. W. 策拉姆 著 张芸、孟薇 译	
38	《谋杀手段:用刑侦科学破解致命罪案》[德]马克·贝内克 著 李响 译	
39	《为什么不杀光?种族大屠杀的反思》[美]丹尼尔·希罗、克拉克·麦考利 著 薛绚 译	
40	《伊索尔德的魔汤:春药的文化史》[德]克劳迪娅·米勒 – 埃贝林、克里斯蒂安·拉奇 著 王泰智、沈惠珠 译	
41	《错引耶稣:〈圣经〉传抄、更改的内幕》[美]巴特·埃尔曼 著 黄恩邻 译	
42	《百变小红帽:一则童话中的性、道德及演变》[美]凯瑟琳·奥兰丝汀 著 杨淑智 译	
43	《穆斯林发现欧洲:天下大国的视野转换》[英]伯纳德·刘易斯 著 李中文 译	
44	《烟火撩人:香烟的历史》[法]迪迪埃·努里松 著 陈睿、李欣 译	
45	《菜单中的秘密:爱丽舍宫的飨宴》[日]西川惠 著 尤可欣 译	
46	《气候创造历史》[瑞士]许靖华 著 甘锡安 译	
47	《特权:哈佛与统治阶层的教育》[美]罗斯·格雷戈里·多塞特 著 珍栎 译	
48	《死亡晚餐派对:真实医学探案故事集》[美]乔纳森·埃德罗 著 江孟蓉 译	
49	《重返人类演化现场》[美]奇普·沃尔特 著 蔡承志 译	
50	《破窗效应:失序世界的关键影响力》[美]乔治·凯林、凯瑟琳·科尔斯 著 陈智文 译	
51	《违童之愿:冷战时期美国儿童医学实验秘史》[美]艾伦·M.霍恩布鲁姆、朱迪斯·L.纽曼、格雷戈里·J.多贝尔 著 丁立松 译	
52	《活着有多久:关于死亡的科学和哲学》[加]理查德·贝利沃、丹尼斯·金格拉斯 著 白紫阳 译	
53	《疯狂实验史Ⅱ》[瑞士]雷托·U.施奈德 著 郭鑫、姚敏多 译	

54	《猿形毕露：从猩猩看人类的权力、暴力、爱与性》[美] 弗朗斯·德瓦尔 著　陈信宏 译
55	《正常的另一面：美貌、信任与养育的生物学》[美] 乔丹·斯莫勒 著　郑嬿 译
56	《奇妙的尘埃》[美] 汉娜·霍姆斯 著　陈芝仪 译
57	《卡路里与束身衣：跨越两千年的节食史》[英] 路易丝·福克斯克罗夫特 著　王以勤 译
58	《哈希的故事：世界上最具暴利的毒品业内幕》[英] 温斯利·克拉克森 著　珍栎 译
59	《黑色盛宴：嗜血动物的奇异生活》[美] 比尔·舒特 著　帕特里曼·J. 温 绘图　赵越 译
60	《城市的故事》[美] 约翰·里德 著　郝笑丛 译
61	《树荫的温柔：亘古人类激情之源》[法] 阿兰·科尔班 著　苜蓿 译
62	《水果猎人：关于自然、冒险、商业与痴迷的故事》[加] 亚当·李斯·格尔纳 著　于是 译
63	《囚徒、情人与间谍：古今隐形墨水的故事》[美] 克里斯蒂·马克拉奇斯 著　张哲、师小涵 译
64	《欧洲王室另类史》[美] 迈克尔·法夸尔 著　康怡 译
65	《致命药瘾：让人沉迷的食品和药物》[美] 辛西娅·库恩等 著　林慧珍、关莹 译
66	《拉丁文帝国》[法] 弗朗索瓦·瓦克 著　陈绮文 译
67	《欲望之石：权力、谎言与爱情交织的钻石梦》[美] 汤姆·佐尔纳 著　麦慧芬 译
68	《女人的起源》[英] 伊莲·摩根 著　刘筠 译
69	《蒙娜丽莎传奇：新发现破解终极谜团》[美] 让-皮埃尔·伊斯鲍茨、克里斯托弗·希斯·布朗 著　陈薇薇 译
70	《无人读过的书：哥白尼〈天体运行论〉追寻记》[美] 欧文·金格里奇 著　王今、徐国强 译
71	《人类时代：被我们改变的世界》[美] 黛安娜·阿克曼 著　伍秋玉、澄影、王丹 译
72	《大气：万物的起源》[英] 加布里埃尔·沃克 著　蔡承志 译
73	《碳时代：文明与毁灭》[美] 埃里克·罗斯顿 著　吴妍仪 译
74	《一念之差：关于风险的故事与数字》[英] 迈克尔·布拉斯兰德、戴维·施皮格哈尔特 著　威治 译
75	《脂肪：文化与物质性》[美] 克里斯托弗·E. 福思、艾莉森·利奇 编著　李黎、丁立松 译
76	《笑的科学：解开笑与幽默感背后的大脑谜团》[美] 斯科特·威姆斯 著　刘书维 译
77	《黑丝路：从里海到伦敦的石油溯源之旅》[英] 詹姆斯·马里奥特、米卡·米尼奥-帕卢埃洛 著　黄煜文 译
78	《通向世界尽头：跨西伯利亚大铁路的故事》[英] 克里斯蒂安·沃尔玛 著　李阳 译
79	《生命的关键决定：从医生做主到患者赋权》[美] 彼得·于贝尔 著　张琼懿 译
80	《艺术侦探：找寻失踪艺术瑰宝的故事》[英] 菲利普·莫尔德 著　李欣 译

81	《共病时代：动物疾病与人类健康的惊人联系》［美］芭芭拉·纳特森-霍洛威茨、凯瑟琳·鲍尔斯 著　陈筱婉 译
82	《巴黎浪漫吗？——关于法国人的传闻与真相》［英］皮乌·玛丽·伊特韦尔 著　李阳 译
83	《时尚与恋物主义：紧身褡、束腰术及其他体形塑造法》［美］戴维·孔兹 著　珍栎 译
84	《上穷碧落：热气球的故事》［英］理查德·霍姆斯 著　暴永宁 译
85	《贵族：历史与传承》［法］埃里克·芒雄-里高 著　彭禄娴 译
86	《纸影寻踪：旷世发明的传奇之旅》［英］亚历山大·门罗 著　史先涛 译
87	《吃的大冒险：烹饪猎人笔记》［美］罗布·沃乐什 著　薛绚 译
88	《南极洲：一片神秘的大陆》［英］加布里埃尔·沃克 著　蒋功艳、岳玉庆 译
89	《民间传说与日本人的心灵》［日］河合隼雄 著　范作申 译
90	《象牙维京人：刘易斯棋中的北欧历史与神话》［美］南希·玛丽·布朗 著　赵越 译
91	《食物的心机：过敏的历史》［英］马修·史密斯 著　伊玉岩 译
92	《当世界又老又穷：全球老龄化大冲击》［美］泰德·菲什曼 著　黄煜文 译
93	《神话与日本人的心灵》［日］河合隼雄 著　王华 译
94	《度量世界：探索绝对度量衡体系的历史》［美］罗伯特·P. 克里斯 著　卢欣渝 译
95	《绿色宝藏：英国皇家植物园史话》［英］凯茜·威利斯、卡罗琳·弗里 著　珍栎 译
96	《牛顿与伪币制造者：科学巨匠鲜为人知的侦探生涯》［美］托马斯·利文森 著　周子平 译
97	《音乐如何可能？》［法］弗朗西斯·沃尔夫 著　白紫阳 译
98	《改变世界的七种花》［英］詹妮弗·波特 著　赵丽洁、刘佳 译
99	《伦敦的崛起：五个人重塑一座城》［英］利奥·霍利斯 著　宋美莹 译
100	《来自中国的礼物：大熊猫与人类相遇的一百年》［英］亨利·尼克尔斯 著　黄建强 译
101	《筷子：饮食与文化》［美］王晴佳 著　汪精玲 译
102	《天生恶魔？：纽伦堡审判与罗夏墨迹测验》［美］乔尔·迪姆斯代尔 著　史先涛 译
103	《告别伊甸园：多偶制怎样改变了我们的生活》［美］戴维·巴拉什 著　吴宝沛 译
104	《第一口：饮食习惯的真相》［英］比·威尔逊 著　唐海娇 译
105	《蜂房：蜜蜂与人类的故事》［英］比·威尔逊 著　暴永宁 译
106	《过敏大流行：微生物的消失与免疫系统的永恒之战》［美］莫伊塞斯·贝拉斯克斯-曼诺夫 著　李黎、丁立松 译
107	《饭局的起源：我们为什么喜欢分享食物》［英］马丁·琼斯 著　陈雪香 译　方辉 审校
108	《金钱的智慧》［法］帕斯卡尔·布吕克内 著　张叶、陈雪乔 译　张新木 校
109	《杀人执照：情报机构的暗杀行动》［德］埃格蒙特·科赫 著　张芸、孔令逊 译

110 《圣安布罗焦的修女们：一个真实的故事》[德] 胡贝特·沃尔夫 著　徐逸群 译
111 《细菌》[德] 汉诺·夏里修斯 里夏德·弗里贝 著　许嫚红 译
112 《千丝万缕：头发的隐秘生活》[英] 爱玛·塔罗 著　郑嬿 译
113 《香水史诗》[法] 伊丽莎白·德·费多 著　彭禄娴 译
114 《微生物改变命运：人类超级有机体的健康革命》[美] 罗德尼·迪塔特 著　李秦川 译
115 《离开荒野：狗猫牛马的驯养史》[美] 加文·艾林格 著　赵越 译
116 《不生不熟：发酵食物的文明史》[法] 玛丽-克莱尔·弗雷德里克 著　冷碧莹 译
117 《好奇年代：英国科学浪漫史》[英] 理查德·霍姆斯 著　暴永宁 译
118 《极度深寒：地球最冷地域的极限冒险》[英] 雷纳夫·法恩斯 著　蒋功艳、岳玉庆 译
119 《时尚的精髓：法国路易十四时代的优雅品位及奢侈生活》[美] 琼·德让 著　杨冀 译
120 《地狱与良伴：西班牙内战及其造就的世界》[美] 理查德·罗兹 著　李阳 译
121 《骗局：历史上的骗子、赝品和诡计》[美] 迈克尔·法夸尔 著　康怡 译
122 《丛林：澳大利亚内陆文明之旅》[澳] 唐·沃森 著　李景艳 译
123 《书的大历史：六千年的演化与变迁》[英] 基思·休斯敦 著　伊玉岩、邵慧敏 译
124 《战疫：传染病能否根除？》[美] 南希·丽思·斯特潘 著　郭骏、赵谊 译
125 《伦敦的石头：十二座建筑塑名城》[英] 利奥·霍利斯 著　罗隽、何晓昕、鲍捷 译
126 《自愈之路：开创癌症免疫疗法的科学家们》[美] 尼尔·卡纳万 著　贾颐 译
127 《智能简史》[韩] 李大烈 著　张之昊 译
128 《家的起源：西方居所五百年》[英] 朱迪丝·弗兰德斯 著　珍栎 译
129 《深解地球》[英] 马丁·拉德威克 著　史先涛 译
130 《丘吉尔的原子弹：一部科学、战争与政治的秘史》[英] 格雷厄姆·法米罗 著　刘晓 译
131 《亲历纳粹：见证战争的孩子们》[英] 尼古拉斯·斯塔加特 著　卢欣渝 译
132 《尼罗河：穿越埃及古今的旅程》[英] 托比·威尔金森 著　罗静 译
133 《大侦探：福尔摩斯的惊人崛起和不朽生命》[美] 扎克·邓达斯 著　肖洁茹 译
134 《世界新奇迹：在20座建筑中穿越历史》[德] 贝恩德·英玛尔·古特贝勒特 著　孟薇、张芸 译